乡村人才振兴培训系列教材

绿色食品生产技术

范以香　李　广　王少兰　主编

中国农业科学技术出版社

图书在版编目（CIP）数据

绿色食品生产技术 / 范以香，李广，王少兰主编. —北京：中国农业科学技术出版社，2021.6

ISBN 978-7-5116-5360-4

Ⅰ. ①绿…　Ⅱ. ①范…②李…③王…　Ⅲ. ①绿色食品-生产技术　Ⅳ. ①S-01

中国版本图书馆 CIP 数据核字（2021）第 115703 号

责任编辑　姚　欢
责任校对　贾海霞
责任印制　姜义伟　王思文

出 版 者　中国农业科学技术出版社
　　　　　　北京市中关村南大街 12 号　邮编：100081
电　　话　(010)82106631(编辑室)　(010)82109702(发行部)
　　　　　　(010)82109709(读者服务部)
传　　真　(010)82106631
网　　址　http://www.castp.cn
经 销 者　各地新华书店
印 刷 者　北京地大彩印有限公司
开　　本　850 mm×1 168 mm　1/32
印　　张　6.25
字　　数　160 千字
版　　次　2021 年 6 月第 1 版　2021 年 6 月第 1 次印刷
定　　价　28.00 元

《绿色食品生产技术》

编 委 会

主　编：范以香　李　广　王少兰

副主编：焦竹青　张　露　冯丽萍

陈　冲　黄泽熙　杨　艳

编　委：杨忠霖　闫重波　王　丹

尹姗姗　王开云　关景林

陈　鹏　曲伟华　黄嘉秦

杜海英　王海龙　齐蕴荣

刘　聪　姜　楠　杨玲英

前　　言

随着经济社会的快速发展和人们消费水平的不断提高，人们的消费偏好由注重量的满足转向质的追求，绿色食品受到更多消费者的青睐。我国主要农产品已由过去的供需紧张转向平衡状态，一方面中低端农产品供过于求，另一方面优质农产品又供不应求。为此，大力发展绿色食品，对于满足消费者的健康需求和优化农业产业结构具有重要的意义。

绿色食品的生产、加工、包装、贮运、销售环节等生产过程必须遵循一系列严格的生产标准。本书在一系列绿色食品生产标准指导下，结合绿色食品生产实际，以通俗易懂的语言，向广大农民朋友传递绿色食品的相关知识和生产技术。具体内容包括：绿色食品生产概述、绿色食品的质量标准与认证管理、种植业绿色食品生产技术、养殖业绿色食品生产技术、绿色食品加工技术、绿色食品包装和贮运技术等。

由于编写时间仓促，再加上编者水平有限，书中难免存在不足之处，敬请广大读者批评指正。

编　者

2021 年 2 月

目　录

第一章 绿色食品生产概述

第一节 绿色食品的含义与特征

一、绿色食品的含义

绿色食品是指遵循可持续发展原则，产品出自良好的生态环境，按照特定生产方式生产，经专门机构认定，许可使用绿色食品标志商标的无污染、安全、优质、营养类食品。

为了保证绿色食品产品无污染、安全、优质、营养的特性，开发绿色食品有一套较为完整的质量标准体系。按照绿色食品特定的生产方式，即按照绿色食品质量标准体系生产、加工、销售，对产品实施全过程质量控制，产地和产品经中国绿色食品发展中心认定，同意授予绿色食品标志的产品才能称为绿色食品。

按标准，绿色食品又分为A级绿色食品和AA级绿色食品。

A级绿色食品系指生产地的环境质量符合《绿色食品　产地环境质量标准》（NY/T 391—2013）的要求，生产过程中严格按照绿色食品生产资料使用准则和生产操作规程要求，限量使用限定的化学合成生产资料，产品质量符合绿色食品标准，经专门机构认定，许可使用A级绿色食品标志的产品。

AA 级绿色食品系指生产地的环境质量符合《绿色食品　产地环境质量标准》（NY/T 391—2013）的要求，生产过程中不使用化学合成的肥料、农药、兽药、饲料添加剂、食品添加剂和其他有害于环境和身体健康的物质，禁止使用转基因的种子和产品，按有机生产方式生产和加工，产品质量符合绿色食品标准，并经专门机构认定，许可使用 AA 级绿色食品标志的产品。因为 AA 级绿色食品的生产标准和生产方式等同于有机食品，所以中国绿色食品发展中心于 2008 年 6 月起停止受理 AA 级绿色食品认证。

二、绿色食品的特征

与普通食品相比，绿色食品具有以下 3 个特征。

（一）强调产品出自最佳生态环境

绿色食品生产从原料产地的生态环境入手，通过对原料产地及其周围生态环境因子的严格监控，判定其是否具备生产绿色食品的基础条件，这样既可以保证绿色食品生产原料和初级产品的质量，又有利于强化企业和生产者的资源和环境保护意识，最终将农业和食品工业的发展建立在资源和环境可持续利用的基础上。

（二）对产品实行全程质量控制

绿色食品生产实施从土地到餐桌的全程质量控制，从而在农业和食品生产领域树立了全新的质量观。通过产前环节的环境监测和原料检测，产中环节的具体生产、加工操作规程的落实，以及产后环节的产品质量、卫生指标、包装、保鲜、运输、贮藏和销售控制，确保绿色食品的整体产品质量，并提高整个生产过程的技术含量。

（三）对产品依法实行标志管理

绿色食品标志为质量证明商标，属知识产权范畴，受《中华人民共和国商标法》（以下简称《商标法》）的保护。政府授权专门机构管理绿色食品标志，这是一种将技术手段和法律手段有机结合起来的生产组织和管理行为，而不是一种自发的民间自我保护行为。对绿色食品实行统一、规范的标志管理，不仅将生产行为纳入了技术和法律监控的轨道，而且使生产者明确自身和对他人的权益责任，同时也有利于企业争创名牌、树立名牌商标保护意识，还可提高企业和产品的社会知名度和影响力。

由此可见，绿色食品概念不仅表述了绿色食品产品的基本特性，而且蕴含了绿色食品特定的生产方式、独特的管理模式和全新的消费观念。

第二节　绿色食品与无公害农产品、有机食品的关系

无公害农产品是指源于良好的生态环境，按照无公害农产品生产技术标准生产、加工，其有毒有害物质含量控制在安全允许的范围内，并经有关无公害农产品认证机构检验认证的食品或其他产品。有机食品是根据有机农业和有机食品生产、加工标准或生产加工技术规范而生产加工出来的经有机食品认证机构认证的无污染、纯天然、高品位的健康食品。我国的绿色食品与无公害农产品、有机食品有很多相同的地方，但也有一些明显的区别。

一、绿色食品与无公害农产品、有机食品的共同点

（一）都要求无污染

产地的生态环境是绿色食品和无公害农产品、有机食品的生产基础，因此产地环境和周边环境中不能存在污染源。确保产地环境中的空气、水和土壤的洁净，是绿色食品与无公害农产品、有机食品生产的共同基础和前提条件。对那些暂时不具备无公害生产条件的地方要加以改造、整治和建设，使其逐步达到绿色食品和无公害农产品、有机食品生产基地的环境条件。

（二）都有严格的质量控制体系

绿色食品与无公害农产品、有机食品三者在生产、收获、加工、贮藏及运输的过程中，都采用无公害的生产技术，都各自有一套严格的质量控制体系，都要求实现从土地到餐桌的全程质量控制，从而保障了其产品无污染的安全特性。它们都属于安全食品，有利于保护人们的身体健康。

（三）都实行标志管理

标志管理的目的是充分保证产品质量的可靠，一方面约束生产者和企业按照产品质量标准和标志管理的要求进行生产和销售，另一方面使消费者能够方便地按照鲜明的标志选择和采购食品，同时也有利于执法部门查处假冒伪劣产品。因此，绿色食品与无公害农产品、有机食品都有各自经国家商标局注册的标志，并依据标志管理办法进行管理。

绿色食品标志如图 1-1 所示，无公害农产品标志如图 1-2 所示，有机食品因为不同国家、不同认证机构的标志图形都不一样，所以有不同的标志图形。

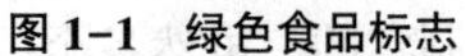
图 1–1　绿色食品标志

图 1–2　无公害农产品标志

二、绿色食品与无公害农产品、有机食品的不同点

(一) 认证机构不同

绿色食品唯一的颁证单位是中国绿色食品发展中心，设立在各省、市、地、县的绿色食品工作机构只能负责检测和申报，不能颁证。

无公害农产品由农业农村部农产品质量安全中心组织全国统一颁证。县（区）级、地级、省级工作机构负责申请材料的形式审查、材料审核、现场检查（限于需要对现场进行检查时）、产品检测和认证申请的初审，由农业农村部农产品质量安全中心最后审核，颁发证书。2018 年，农业农村部农产品质量安全监管司宣布停止我国无公害农产品认证工作。

有机食品是由国际有机农业运动联盟和中国国家认证认可监督管理委员会（以下简称国家认监委）通过审定和认可的认证机构颁证。我国目前已有 20 多家质量认证机构获得国家认监委认可具有有机食品的颁证资质，如中绿华夏有机食品认证中心、南京国环有机产品认证中心、中国质量认证中心等。国外也有一些有机食品认证机构（如德国的生态认证中心、瑞士的生态市场研究所、美国的有机作物改良协会等）在我国设有办事处，通过国家认监委认可也可对我国的有机食品进行检测和颁证。

（二）生产和加工的依据不同

绿色食品是根据我国绿色食品生产、加工标准进行生产与加工的，虽然参考了国际有机食品的标准和要求，但具有符合我国国情的特色。无公害农产品是依据我国无公害农产品卫生质量标准和环境监测标准生产与加工的。有机食品生产和加工的标准是根据国际有机农业运动联盟的基本准则制定的，虽然各个国家的有机食品认证机构在具体执行上稍有差异，但总的准则不能变。

（三）生产和加工的标准要求不同

有机食品和绿色食品 AA 级在生产和加工过程中禁止使用一切人工合成的化学农药、化学肥料、生长激素、有害的化学添加剂等，只能使用有机肥、生物农药，产品中不得含有化学农药、化肥和有害化学试剂残留，不得使用基因工程种子和产品。绿色食品 A 级在生产与加工过程中，可以限量使用国家绿色食品发展中心制定的生产绿色食品的农药、化肥、兽药、食品添加剂等使用准则中的品种，但必须严格执行使用的规则。无公害农产品在生产与加工过程中，可以按照农业农村部发布的无公害农产品农业行业标准中规定的肥料和农药使用标准来使用，有关省市也已制定出一些地方标准可供使用。

（四）认证方式不同

有机食品的认证是实行检查员制度。其认证方式以检查认证为主、检测认证为辅，强调对生产过程的质量安全措施的控制，重视农事操作记录、生产资料购买和应用的记录等。有机食品生产基地一般要有 1～3 年的转换期，转换期间只能颁发有机食品转换证书。有机食品的证书有效期不超过 1 年，第二年必须重新

进行检查颁证，有些产品每一批都要颁证，颁证的面积和产量必须与申报和检查的一致，不能超过证书上标明的面积和产量。有机食品生产采用的是生产基地证、加工证和贸易证，三证须齐全。

绿色食品的认证以检测认证为主，其认证着重检测工作包括：绿色食品原料产地的环境条件的检测、申报产品的质量安全检测以及已获得绿色食品标志产品的年度抽查检测工作。绿色食品的证书有效期是3年，采用的是一品一证，即只颁证给申报的产品。绿色食品生产基地生产的每种产品都需单独申报、检测，才能颁证，如茶叶中的绿茶、红茶等茶类，甚至绿茶中的毛尖、炒青等均不能使用同一个证书。

无公害农产品的认证以检查认证和检测认证并重为原则。无公害农产品认证工作，在环境技术条件的评价方式上，采用了有机食品认证中检查认证的做法，实行调查评价、检查认证。同时又采用了绿色食品检测认证的方式，对申报产品进行质量与安全检测，对已获得无公害农产品标志的产品实行年度普检制度。

（五）安全档次和认证行为有区别

绿色食品与无公害农产品、有机食品在安全档次和认证行为上也有区别。绿色食品与无公害农产品和有机食品都属于农产品质量安全范畴，都是农产品质量安全认证体系的组成部分。无公害农产品符合国家食品卫生质量标准，是保证人们对食品质量安全的基本需要，是最基本的市场准入条件，是满足大众安全消费最基本的需求。绿色食品达到了发达国家的国际标准，满足人们对食品质量高层次的需求。有机食品可满足更高层次的安全消费。因此，可以把它们分为3个档次，即无公害农产品是基本档次，绿色食品是第二档次，有机食品为最高档次。

发展有机食品和绿色食品都是企业行为，企业根据自己具备的条件和需要，可以自愿提出申请，政府不应强制。但无公害农产品今后可能会作为一种政府行为，即关系生态环境保护和广大消费者身体健康的农产品生产都要强制性地按无公害生产标准执行，否则产品不准进入销售市场，无公害食品证书就是市场准入证。

第三节　我国绿色食品的发展现状与机遇

一、我国绿色食品的发展现状

自 1990 年 5 月我国正式宣布开始发展绿色食品以来，我国绿色食品事业已经经历了 30 多年的发展历程。目前，绿色食品以其科学的标准体系、特色的制度安排、安全优质的品牌形象，赢得了各级政府、广大企业和消费者的普遍欢迎，并不断被国际政府和企业认知，已经发展为我国安全优质农产品的精品品牌。

（一）总量规模稳步扩大

从 1990—2019 年，绿色食品企业由 63 家发展到 38 772 家，产品由 127 个发展到 89 513 个，年均增长率分别达到 27%～29%。已开发的绿色食品产品，包括农林、畜禽、水产和饮料 4 个大类，覆盖农产品及加工食品的 1 000 多个品种，其中，初级产品占 30%，加工产品占 70%。

（二）产业发展水平不断提高

经过 30 多年的努力，绿色食品构建了以产品生产、技术支撑、认证监管、市场流通为核心的产业发展体系，形成了“以品牌标志为纽带、龙头企业为主体、基地建设为依托、农户参与为基础”的产业发展模式。2017 年，通过绿色食品认证的国家级和省级农业产业化龙头企业分别达到 400 家和超过 1 000 家，分别占国家级和省级农业产业化龙头企业的 30%和 20%以上，企业实力不断增强。在品牌的带动下，依托我国优势农产品产业带建设，2019 年全国绿色食品原料标准化生产基地已达 721 个，种植面积达 1.66×10^8 亩（1 亩≈667 m^2，全书同），总产量 1.065×10^8 t，基地带动农户 2 172.9 万户，直接增加农民收入 15 亿元以上。在市场需求的拉动下，国内部分大中城市已建立一批绿色食品专业营销网络和渠道，绿色食品市场流通体系建设步伐不断加快。

（三）产品质量稳定可靠

经过 30 多年的发展，绿色食品形成了一套完整的认证程序，实行两端检测、过程控制、质量认证和商标管理的综合手段和措施来确保产品质量，实行“从土地到餐桌”全程质量控制技术路线，近年来绿色食品产品质量抽检合格率保持在 99%以上。

（四）综合效应日益明显

在现有绿色食品产品中，初级农产品占获证产品总数的比例越来越大，促进了我国农业标准化生产和产业化经营步伐的加快。通过绿色食品原料标准化生产基地创建，带动农民增收的同时，实现了改良生态条件、美化乡村环境的目标。在农业农村部创建“农产品质量安全示范县”“标准化示范园（区、场）”工作中，各地将是否发展绿色食品作为一项重要评价指标。绿色食品在服务“三农”工作、促进县域经济提速和实现农业可持续发展方面发挥越来越重要的作用。

二、我国绿色食品的发展机遇

(一) 政策支持更加强化

近年来，中央1号文件不断对防治农业面源污染、推行标准化生产、发展循环农业、培育农业品牌等方面提出了明确要求，这都有利于绿色食品的发展。各级农业管理部门将会更加重视绿色食品产业在农产品质量安全和现代农业发展中的示范引领作用，绿色食品产业的政策导向越来越明确，广大企业和农民的积极性将得到进一步激发。

(二) 消费拉动更加强势

我国经济社会发展持续快速发展，人们对安全优质农产品的消费需求明显提高，对安全优质农产品的依赖明显增强。同时，国际市场对安全优质农产品需求呈快速增长态势不可逆转，这为我国绿色食品产业持续健康发展提供了强大的动力。越来越多的企业把品质、安全作为品牌培育的核心竞争力，给予高度关注，对参与第三方认证的积极性不断提高，认证市场不断扩大。

(三) 科技支撑更加有力

生物、信息、新材料、新能源、先进装备制造等高新技术广泛应用于农业领域，为绿色食品发展提升了技术装备，尤其是良种选育技术、新栽培技术、测土配方施肥技术、病虫害绿色防控技术等新技术的推广应用，将更加有力支撑绿色食品原料标准化基地建设。

第二章　绿色食品的质量标准与认证管理

第一节　绿色食品标准的制定

一、绿色食品标准的概念

绿色食品标准是应用科学技术原理，结合绿色食品生产实践，借鉴国内外制定的在绿色食品生产中必须遵守的相关标准、在绿色食品认证时必须依据的技术性文件。绿色食品标准不是单一的产品标准，而是由一系列标准构成且非常完善的标准体系。

二、绿色食品标准的作用

（一）绿色食品标准是绿色食品质量认证和质量体系认证的基础

质量认证是指由可以充分信任的第三方证实某一经鉴定的产品或服务符合特定标准或其他技术规范的活动。质量体系认证是指由可以充分信任的第三方证实某一经鉴定的产品生产企业，其生产技术和管理水平符合特定的标准。由于绿色食品认证实行产前、产中、产后全过程质量控制，同时包含了质量认证和质量体系认证。因此，无论是绿色食品质量认证还是质量体系认证，都必须有适宜的标准作为依据，否则就不具备开展认证活动的基本条件。

（二）绿色食品标准是开展绿色食品生产和管理活动的技术行为规范

绿色食品标准不仅是对绿色食品产品质量、产地环境质量、生产资料不良反应的指标规定，更重要的是对绿色食品生产者、管理者的行为规范，是评定、监督与纠正绿色食品生产者、管理者技术行为的尺度，具有规范绿色食品生产活动的功能。

（三）绿色食品标准是推广先进生产技术、提高农业及食品加工生产水平的指导性技术文件

绿色食品标准不仅要求产品质量达到绿色食品产品标准的要求，而且为产品达标提供了先进的生产方式和生产技术指导。如在作物生产上，根据土壤肥力情况，针对有机肥、微生物肥、无机（矿质）肥和其他肥料提供了一套替代化肥、保证产量，以及配合施用的比例、数量的绿色种植方法；为保证绿色食品无污染、安全的卫生品质，提供了一套经济有效的杀灭致病菌、降解硝酸盐的有机肥处理方法；为减少化学农药的喷施，提供了一套从整体生态系统出发的病虫草害综合防治技术。在食品加工上，为保证食品不受二次污染，提出了一套非化学控制害虫的方法和食品添加剂使用准则；为保证食品加工生产不污染环境，提出了一套排放处理措施，从而促使绿色食品生产者应用先进技术，提高生产技术水平。

（四）绿色食品标准是维护绿色食品生产者和消费者利益的技术、法律依据

绿色食品标准作为质量认证依据的标准，对接受认证的生产企业来说，属强制执行标准，企业生产的绿色食品产品和采用的生产技术都必须符合绿色食品标准要求，当消费者对某企业生产

的绿色食品提出异议或依法起诉时，绿色食品标准就成为裁决的技术、法律依据。同时，国家工商行政管理部门也将依据绿色食品标准打击假冒绿色食品产品的行为，保护绿色食品生产者和消费者的利益。

（五）绿色食品标准是提高我国农产品及食品质量、促进产品出口创汇的技术目标依据

一个高水平的质量标准是生产出高质量产品的前提。我国绿色食品标准就是以我国国家标准为基础，参照国际标准和国外先进标准制定的既符合我国国情又具有国际先进水平的标准。对我国大多数食品生产企业来讲，要达到绿色食品标准有一定的难度，但只要进行技术改造，改善经营管理，提高企业素质，一些生产企业生产的食品质量完全能够达到国际市场要求的标准。而目前国际市场对绿色食品的需求远远大于生产，这就为达到绿色食品标准的产品提供了广阔的市场。

绿色食品标准为我国开展可持续农产品及有机农产品平等贸易提供了技术保障依据，为我国农业，特别是生态农业、可持续农业在对外开放过程中提高自我保护、自我发展能力创造了条件。

三、绿色食品标准的制定原则

绿色食品标准从发展经济和保护生态环境相结合的角度规范绿色食品生产者的经济行为。在保证食品产量的前提下，最大限度地通过促进生物循环、合理配置和节约资源，减少经济行为对生态环境的不良影响和提高食品质量，维护和改善人类生存和发展的环境。

因此，制定绿色食品标准的基本原则确定为以下 7 点。

第一，生产优质、营养、对人畜安全的食品及饲料，保证获得一定产量和经济效益，兼顾生产者和消费者双方的利益。

第二，保证生产地域内环境质量不断提高，有利于水土资源保持，有利于生物自然循环和生物多样性的保持。

第三，有利于节省资源，其中包括要求使用可更新资源、可自然降解和回收利用材料，减少长途运输，避免过度包装等。

第四，有利于先进的科学技术的应用，以保证及时利用最新科技成果为发展绿色食品服务。

第五，有关标准的技术要求能够被验证。有关标准要求采用的检验方法和评价方法不能是非标准方法，必须是国际、国家标准或技术上能保证再现的实验方法。

第六，绿色食品的综合技术指标不低于国际标准或国外先进标准的水平。生产技术标准要有很强的可操作性，便于生产者接受。

第七，严格控制使用基因工程技术。在 AA 级绿色食品生产中禁止使用基因工程品种和产品。

第二节　绿色食品标准体系的构成

绿色食品标准体系以全程质量控制为核心，包括绿色食品产地环境质量标准、绿色食品生产技术标准、绿色食品产品标准、绿色食品包装标签标准、绿色食品贮藏运输标准以及其他相关标准 6 个部分，它们构成了绿色食品完整的质量控制体系。

一、绿色食品产地环境质量标准

制定绿色食品产地环境质量标准，即《绿色食品　产地环境

质量》（NY/T 391—2013）的目的：一是强调绿色食品必须产自良好的生态环境地域，以保证绿色食品最终产品的无污染、安全性；二是促进对绿色食品产地环境的保护和改善。

《绿色食品　产地环境质量》规定了产地的空气质量标准、农田灌溉水质标准、渔业水质标准、畜禽养殖用水水质标准和土壤环境质量标准的各项指标以及浓度限值、监测和评价方法。提出了绿色食品产地土壤肥力分级和土壤质量综合评价的方法。对于一个给定的污染物，在全国范围内其标准是统一的，必要时可增设项目，适用于绿色食品（AA 级和 A 级）生产的农田、菜地、果园、牧场、养殖场和加工厂。

此外，配套了《绿色食品　产地环境调查、监测与评价规范》（NY/T 1054—2013），该标准规定了绿色食品产地环境调查、环境质量监测和环境质量现状评价的原则、内容和方法，为科学、正确地评价绿色食品产地环境质量提供了依据。

二、绿色食品生产技术标准

绿色食品生产过程的控制是绿色食品质量控制的关键环节。绿色食品生产技术标准是绿色食品标准体系的核心，它包括绿色食品生产资料使用准则和绿色食品生产技术操作规程两部分。

绿色食品生产资料使用准则是对生产绿色食品过程中物质投入的一个原则性规定，它包括生产绿色食品的农药、肥料、食品添加剂、饲料添加剂、兽药和水产养殖药的使用准则，对允许、限制和禁止使用的生产资料及其使用方法、使用剂量、使用次数和休药期等作出了明确规定。例如，生产绿色食品的农药使用准则规定，在 AA 级绿色食品生产中禁止使用有机合成的化学农药，但允许使用生物源农药和矿物源农药中的硫制剂、铜制剂和矿物油乳剂，在A级绿色食品生产中对化学合成农药只允许限量使用限定的品种。下面是中国绿色食品发展中心组织有关部门和专家制定的主要绿色食品生产资料使用准则。

《绿色食品　肥料使用准则》（NY/T 394—2013）

《绿色食品　农药使用准则》（NY/T 393—2020）

《绿色食品　食品添加剂使用准则》（NY/T 392—2013）

《绿色食品　渔药使用准则》（NY/T 755—2013）

《绿色食品　兽药使用准则》（NY/T 472—2013）

《绿色食品　饲料及饲料添加剂使用准则》（NY/T 471—2018）

《绿色食品　畜禽卫生防疫准则》（NY/T 473—2016）

以上准则规定了生产绿色食品准用、禁用和限制性使用的生产资料，从而为截断生产中的污染源，以及保证产地和产品不受污染提供了保证。在这些准则中，对允许、限制和禁止使用的物资及其使用方法、使用剂量、使用次数、休药期等作出了明确规定。准则是绿色食品生产、认证、监督检查的主要依据，也是绿色食品质量信誉的保证。

绿色食品生产技术操作规程是以上述准则为依据，按作物、畜牧种类和不同农业区域的生产特性分别制定的、用于指导绿色食品的生产活动和规范绿色食品生产技术的技术规定，包括农产品种植、畜禽饲养、水产养殖和食品加工等技术操作规程。

（一）种植业生产操作规程

种植业生产操作规程是指农作物的整地播种、施肥、浇水、喷药及收获5个环节中必须遵守的规定，其主要内容如下。

（1）植保方面，农药的使用在种类、剂量、时间和残留量方面都必须符合《绿色食品　农药使用准则》。

（2）作物栽培方面，肥料的使用必须符合《绿色食品　肥

料使用准则》，有机肥的施用量必须达到保持或增加土壤有机质含量的程度。

(3) 品种选育方面，选育尽可能适应当地土壤和气候条件，并对病虫草害有较强抵抗力的高品质优良品种。

(4) 在耕作制度方面，尽可能采用生态学原理，保持物种的多样性，减少化学物质的投入。

(二) 畜牧业生产操作规程

畜牧业生产操作规程是指在畜禽选种、饲养、防治疫病等环节的具体操作规定，其主要内容如下。

(1) 选择饲养适应当地生长条件、抗逆性强的优良品种。

(2) 主要饲料原料应来源于无公害区域内的草场、农区、绿色食品种植基地和绿色食品加工副产品。

(3) 饲料添加剂的使用必须符合《绿色食品　饲料及添加剂使用准则》，畜禽房舍消毒用药及畜禽疾病防治用药必须符合《绿色食品　兽药使用准则》。

(4) 采用生态防病及其他无公害技术。

(三) 水产养殖业生产操作规程

水产养殖过程中的绿色食品生产操作规程，其主要内容如下。

(1) 养殖用水必须达到绿色食品要求的水质标准。

(2) 选择饲养适应当地生长条件、抗逆性强的优良品种。

(3) 鲜活饵料和人工配合饲料的原料应来源于无公害生产区域。

(4) 人工配合饲料的添加剂使用必须符合《绿色食品　饲料及添加剂使用准则》。

(5) 疾病防治用药必须符合《绿色食品　渔药使用准则》。

（6）采用生态防病及其他无公害技术。

（四）食品加工业绿色食品生产操作规程

食品加工过程中的绿色食品生产操作规程，其主要内容如下。

（1）加工区环境卫生必须达到绿色食品生产要求。

（2）加工用水必须符合绿色食品加工用水标准。

（3）加工原料主要来源于绿色食品产地。

（4）加工所用设备及产品包装材料的选用必须具备安全、无污染条件。

（5）在食品加工过程中，食品添加剂的使用必须符合《绿色食品 食品添加剂使用准则》。

绿色食品生产技术规程的最大优点是把食品生产以最终产品（即检验合格或不合格）为主要基础的控制观念，转变为生产环境下鉴别并控制住潜在危害的预防性方法，它为生产者提供了一个比传统最终产品检验更为安全的产品控制方法，是绿色食品质量保证体系的核心。

三、绿色食品产品标准

绿色食品产品标准是衡量最终产品质量的尺度，是树立绿色食品形象的主要标志，也反映了绿色食品生产、管理和质量控制的先进水平，突出了绿色食品产品无污染、安全的卫生品质。

绿色食品产品标准是在国家标准的基础上，参照国外先进标准或国际标准制定的。在检测项目和指标上，严于国家标准，主要表现在对农药残留、重金属和有害微生物的检测项目种类多、指标严。对严于国家执行标准的项目及其指标都有文献性的科学依据或理论指导，并进行了科学检验。

绿色食品产品抽样必须按照《绿色食品　产品抽样准则》（NY/T 896—2015）进行。绿色食品产品检验必须符合《绿色食品　产品检验规则》（NY/T 1055—2015）的要求。

四、绿色食品包装标签标准

《绿色食品　包装通用准则》（NY/T 658—2015）规定了绿色食品包装须遵循的原则，包括包装材料选用的范围、种类及包装上的标识内容等。要求产品包装从原料、产品制造、使用到回收和废弃的整个过程都应有利于食品安全和环境保护，包括：包装材料的安全牢固性、节省资源与能源、减少或避免废弃物产生、易回收循环利用、可降解等具体要求和内容。

绿色食品产品标签，除要求符合《食品安全国家标准　预包装食品标签通则》（GB 7718—2011）外，还要求符合《中国绿色食品商标标志设计使用规范手册》的要求。取得绿色食品标志使用资格的单位，应将绿色食品标志用于产品的内、外包装。《中国绿色食品商标标志设计使用规范手册》对绿色食品标志的标准图形、标准字体、图形与字体的规范组合、标准色泽、广告用语及用于食品系列化包装的标准图形、编号规范均作了具体规定，同时列举了应用示例。

五、绿色食品贮藏、运输标准

《绿色食品　贮藏运输准则》（NY/T 1056—2021）规定了绿色食品贮藏、运输的要求，对绿色食品贮藏、运输的条件、方法、时间作出规定，以保证绿色食品在贮藏、运输过程中不遭受污染、不改变品质，并有利于环保和节能。

六、绿色食品其他相关标准

绿色食品其他相关标准包括《绿色食品　推荐肥料标准》《绿色食品　推荐农药标准》《绿色食品　推荐食品添加剂标准》《绿色食品　生产基地认定标准》等，此类标准不是绿色食品质量控制的必需标准，而是促进绿色食品质量控制管理的辅助性标准。

以上标准对绿色食品的产前、产中、产后全程质量控制技术和指标作了明确规定，既保证了绿色食品无污染、安全、优质、营养的品质，又保护了产地环境和合理利用资源，以实现绿色食品的可持续生产，从而构成了一个完整的、科学的标准体系。绿色食品的开发并非自然农业、传统农业的回归，不是简单的不允许使用化肥、食品添加剂，认定其是否是绿色食品必须同时具备以下 4 个条件：一是产品或产品原料产地必须符合绿色食品生态环境质量标准；二是农作物种植、畜禽饲养、水产养殖及食品加工必须符合绿色食品生产操作规程；三是产品必须符合绿色食品质量和卫生标准；四是产品的包装、贮运必须符合绿色食品包装、贮运标准。

七、绿色食品标准体系的特点

绿色食品标准体系的特点可以概括为以下 6 点。

（一）制定科学性

绿色食品标准是中国绿色食品发展中心、中国农业科学院等国内权威技术机构的上百位专家经过上千次试验、检测和查阅了国内外现行标准而制定的，绿色食品产品标准已作为农业农村部行业标准颁发。

(二) 内容系统性

绿色食品标准体系由产地环境质量标准、生产过程标准（包括生产资料使用准则和生产操作规程)、产品标准、包装标签标准、贮藏运输标准等相关标准组成，对绿色食品生产全过程质量控制技术和指标作了全面的规定。

(三) 指标严格性

绿色食品标准对产品的感观性状、理化性状、生物性状等的要求都严于或等同于现行的国家标准。如大气质量采用国家一级标准，农残限量仅为有关国家和国际标准的1/2。

(四) 实行全过程质量控制

要求对绿色食品生产、管理和认证进行“从土地到餐桌”的全过程质量控制和行为规范，既要求保证产品质量和环境质量，又要求规范生产操作和管理行为。

(五) 融入了可持续发展的技术内容

绿色食品标准从发展经济与保护生态环境相结合的角度规范生产者的经济行为。在保证产品产量的前提下，最大限度地通过促进生物循环、合理配置资源，减少经济行为对生态环境的不良影响和提高食品质量，维护和改善人类生存和发展的环境。

(六) 有利于农产品国际贸易发展

AA级绿色食品标准的制度完全符合国际有机农业运动联盟的标准框架和基本要求，并充分考虑了欧盟、美国、日本等国家和地区的有机农业及其农产品管理条例或法案要求。A级绿色食品标准的制定也较多地采纳了联合国食品法典委员会标准内容和欧盟标准，便于与国际相关标准接轨。

绿色食品标准体系是对中国绿色食品开发实践活动中技术理论的总结，是现代科技成果与绿色食品生产经验相结合的产物。

同时，也是指导绿色食品事业健康发展的技术理论基础。我们不仅要在绿色食品的开发工作中运用它，而且要在绿色食品的开发实践中应用新的科学技术来丰富和完善它，才能保持绿色食品的生产、管理在农业及食品工业领域内的先进性。

第三节　绿色食品的申报认证

绿色食品是按特定生产方式生产并经权威机构认定，使用专门标志的、安全优质营养的食品，绿色食品产品必须使用绿色食品标志。实际上绿色食品的申报和认证是对绿色食品标志使用权的申报和认证。中国的绿色食品申请和认证工作流程规范，严格依据《绿色食品标志管理办法》执行，凡是有绿色食品生产条件的国内企业均要严格按照绿色食品认证程序申请认证。

一、绿色食品认证申请程序

绿色食品认证申请实际上是产品质量认证和许可使用绿色食品标志的申报。绿色食品标志是经中国绿色食品发展中心注册的质量证明商标，申请使用绿色食品标志的产品，应当符合《中华人民共和国食品安全法》（简称《食品安全法》）和《中华人民共和国农产品质量安全法》（简称《农产品质量安全法》）等法律法规的规定，在国家工商总局商标局核定的范围内，并具备下列条件。

（1）产品或产品原料产地环境符合绿色食品产地环境质量标准。

（2）农药、肥料、饲料、兽药等投入品的使用符合绿色食品投入品使用准则。

（3）产品质量符合绿色食品产品质量标准。

（4）包装贮运符合绿色食品包装贮运标准。

企业如需在其生产的产品上使用绿色食品标志，必须按以下程序提出申报。

（一）提出申请

申请人向中国绿色食品发展中心及其所在省（自治区、直辖市）绿色食品办公室、绿色食品发展中心提交正式的申请，领取《绿色食品标志使用申请书》（一式两份）、《企业生产情况调查表》及相关资料，或从中心网站下载。

（二）递交申请

申请人翔实填写并向其所在省（自治区、直辖市）绿色食品办公室、绿色食品发展中心递交《绿色食品标志使用申请书》《企业生产情况调查表》及以下材料。

（1）保证执行绿色食品标准和规范的申明。

（2）生产操作规程（种植规程、养殖规程、加工规程）。

（3）公司对“基地+农户”的质量控制体系（包括合同、基地图、基地和农户清单、管理制度）。

（4）产品执行标准。

（5）产品注册商标文本（复印件）。

（6）企业营业执照（复印件）。

（7）企业质量管理手册。

（8）要求提供的其他材料（通过体系认证的，附证书复印件）。

（三）受理

省级工作机构自收到申请之日起10个工作日内完成材料审查。符合要求的，予以受理，并在产品及产品原料生产期内组织有资质的检查员完成现场检查；不符合要求的，不予受理，书面通知申请人并告知理由。

现场检查合格的，省级工作机构应当书面通知申请人，由申请人委托符合相关规定的检测机构对申请产品和相应的产地环境进行检测；现场检查不合格的，省级工作机构应当退回申请并书面告知理由。

(四) 产品抽样、环境监测

检测机构接受申请人的委托后，及时安排现场抽样，并自产品样品抽样之日起 20 个工作日内、环境样品抽样之日起 30 个工作日内完成检测工作，出具产品质量检验报告和产地环境监测报告，提交省级工作机构和申请人。

(五) 形成初审意见

省级工作机构自收到产品检验报告和产地环境监测报告之日起 20 个工作日内提出初审意见。初审合格的，将初审意见及相关材料报送至中国绿色食品发展中心；初审不合格的，退回申请并书面告知理由。

(六) 认证审核

中国绿色食品发展中心自收到省级工作机构报送的申请材料之日起 30 个工作日内完成书面审查，并在 20 个工作日内组织专家评审。必要时，应该进行现场核查。

(七) 颁证

中国绿色食品发展中心根据专家评审意见，在 5 个工作日内作出是否颁证的决定。同意颁证的，与申请人签订绿色食品标志使用合同，颁发绿色食品标志使用证书并公告；不同意颁证的，书面通知申请人并告知理由。

为了提高颁证率和颁证工作效率，中国绿色食品发展中心于

2013年6月15日下发了《关于绿色食品颁证制度改革的通知》（农绿标〔2013〕11号），改革的主要内容有以下3项：一是由省级绿色食品管理办公室负责组织企业签订绿色食品标志使用合同（以下简称"合同"），发放绿色食品标志使用证书（以下简称"证书"）；二是由省级绿色食品管理办公室通过"绿色食品网上审核与管理系统"下载合同，并因地制宜采取多种形式组织企业签订合同；三是由中国绿色食品发展中心统一向省级绿色食品管理办公室寄发证书，经省级绿色食品管理办公室转发企业。颁证改革覆盖所有省级绿色食品管理办公室，涉及所有初次办证和续展办证的企业及其产品。

二、申请人资格

具有绿色食品生产、经营条件的单位或个人，如需在其生产、加工或经营的产品上使用绿色食品标志，均可向各省（区、市）绿色食品委托管理机构直接提出申请。申请人可以是事业单位、生产加工企业、商业企业及个人等。新建的加工企业原则上要求产品在市场上运营一年，生产质量保证体系较完善后申报。申请使用绿色食品标志的产品，仅限于由中国绿色食品发展中心在商标局注册的九大类商品范围内。申请人应当具备的具体条件如下。

（1）能够独立承担民事责任。

（2）具有绿色食品生产的环境条件和生产技术。

（3）具有完善的质量管理和质量保证体系。

（4）具有与生产规模相适应的生产技术人员和质量控制人员。

（5）具有稳定的生产基地。

(6) 申请前3年内无质量安全事故和不良记录。

三、申请表格填写及实地考察

申请表是绿色食品标志申请的主要文书，由申请人填写。其中申报产品须按商品名称填，除蔬菜外，不可一类食品（如果汁类、鸡及其制品类等）作为一个申报产品。

按照《绿色食品标志管理办法》的要求，为保证绿色食品生产全过程符合绿色食品标准的有关规定，各绿色食品委托管理机构受理申请后，按中心制定的考察要点及《企业情况调查表》的内容对申报企业及其产品、原料产地进行实地考察，根据考察结果确定是否安排环境监测。考察人员必须是绿色食品标志专职管理人员，且至少委派2人或2人以上，同时不得委托其他单位或个人进行考察。

实地考察的主要任务是对申请书中填报的内容进行实地考核，对产品及其原料生产、加工的操作规程及使用的农药、兽药、肥料、食品添加剂等是否符合绿色食品标准的要求进行确定。必要时应查阅生产资料购入及出库登记，或其他有关记录。

考察报告要求在受理企业申请后半个月内完成。考察人员根据考察的实际情况，编写考察报告，填写《企业情况调查表》，署名并对其负责。

考察报告的主要内容如下。

(1) 申请单位基本概况。

(2) 申请绿色食品标志产品生产及销售情况。

(3) 原料生产及供应情况。

(4) 产品或产品原料产地的农业生态环境状况。

（5）产品及其产品原料生产操作规程（根据产品种类确定报告内容）。

（6）农作物种植。包括栽培管理要点及近三年的施肥、植保概况，本年度的肥料施用情况（肥料来源、种类、使用数量和方法）；本年度主要病虫害、杂草种类，防治方法；使用农药种类及方法等。

（7）畜禽饲养、水产养殖。包括饲养、养殖的管理要点；饲料来源、饲料种植情况；饲料添加剂使用种类、数量；饲养、养殖过程中的主要病虫害及防治方法（药品种类、剂量、时间）、环境消毒方法（药品种类、剂量、时间等）。

（8）食品加工。包括原料成分；原料来源；原料种植、养殖情况；食品添加剂种类、目的、用量。

（9）生产过程中管理措施、制度及管理系统情况。

（10）申报产品与非申报产品的同类产品在采收、包装、贮运、销售环节中如何区分，有无保证措施。

（11）考察结论和建议；考察人员签名，委托管理机构盖章。

第四节　绿色食品标志的使用与管理

获得绿色食品标志使用权的企业，应尽快使用绿色食品标志。绿色食品标志是中国绿色食品发展中心在国家工商行政管理局商标局注册的质量证明商标。作为商标的一种，该标志具有商标的普遍特点，只有使用才会产生价值。因此，企业应尽快使用绿色食品标志。绿色食品标志是在经权威机构认证的绿色食品上使用以区分此类产品与普通食品的特定标志。该标志已作为中国第一例证明商标，由中国绿色食品发展中心在国家商标局注册，受法律保护。

绿色食品标志管理，即依据绿色食品标志证明商标特定的法律属性，通过该标志商标的使用许可，衡量企业的生产过程及其产品的质量是否符合特定的绿色食品标准，并监督符合标准的企业严格执行绿色食品生产操作规程、正确使用绿色食品标志的过程。

绿色食品标志管理有两大特点：一是依据标准认定；二是依据法律管理。所谓依据标准认定即把可能影响最终产品质量的生产全过程（从土地到餐桌）逐环节制定出严格的量化标准，并按国际通行的质量认证程序检查其是否达标，确保认定本身的科学性、权威性和公正性。所谓依法管理，即依据《中华人民共和国反不正当竞争法》(简称《反不正当竞争法》)、《中华人民共和国广告法》(简称《广告法》)、《中华人民共和国产品质量法》(简称《产品质量法》) 等法规，切实规范生产者和经营者的行为，打击市场假冒伪劣现象，维护生产者、经营者和消费者的合法权益。

一、绿色食品商标的注册范围

绿色食品标志商标的注册范围包括以食品为主的商品，按国家商标类别划分的第 29、30、31、32、33 类中的大多数产品均可申报绿色食品标志，如第 29 类的肉、家禽、水产品、奶及奶制品、食用油脂等，第 30 类的食盐、酱油、醋、米、面粉及其他谷物类制品、豆制品、调味用香料等，第 31 类的新鲜蔬菜、水果、干果、种子、活生物等，第 32 类的啤酒、矿泉水、水果饮料及果汁、固体饮料等，第 33 类的含酒精饮料等。最近开发

的一些新产品，只要经卫生部以“食”字或“健”字登记的，均可申报绿色食品标志。经卫生部公告的，既是食品又是药品的品种，如紫苏、菊花、白果、陈皮、红花等，也可申报绿色食品标志。药品、香烟不可申报绿色食品标志。按照绿色食品标准，暂不受理蕨菜、方便面、火腿肠、叶菜类酱菜（盐渍品）的申报。中国绿色食品发展中心作为商标的注册人享有商标的专用权。但根据《集体商标、证明商标注册和管理办法》的规定，绿色食品发展中心没有权力在自己提供的商品上使用该证明商标。

二、绿色食品标志的使用和管理

（一）绿色食品标志的使用管理

1. 绿色食品标志必须使用在经中国绿色食品发展中心许可的产品上

绿色食品标志是在经中国绿色食品发展中心认证的绿色食品上使用的以区分此类产品与普通食品的特定标志。未经绿色食品发展中心的许可，任何单位和个人不得使用绿色食品标志。

尽管绿色食品标志的使用有严格的规定，并受法律保护，但是仍然有很多的单位或个人侵权使用。绿色食品企业违规使用绿色食品标志的行为有以下几种。

（1）超范围使用绿色食品标志，常见的有下面3种情况。

①产品未申报或未经许可就使用绿色食品标志。一些非绿色食品生产企业在其生产的产品上使用了绿色食品标志。

②企业部分产品申报绿色食品标志而全部产品都使用。如某企业只有浓缩果汁饮料申请了绿色食品标志，但是该企业生产的所有果汁饮料均使用了绿色食品标志。

③企业只申报一个产品，但多个产品用该产品的标志编号。

（2）申报产品名称与使用标志名称不符。

（3）少报多产，超量使用。如企业在申请绿色食品果汁的申报中，获证产品有 200 t，但是企业却 有 1 000 t 产品使用了绿色食品标志。

（4）企业改制或变更后未及时办理换证手续。

（5）获标企业许可联营企业或其兼并企业使用绿色食品标志。如甲省某果蔬厂生产的 A 牌脱水蔬菜获得了标志使用权后，擅自将标志使用在乙省其合资企业的 B 牌脱水蔬菜上。

（6）续报不及时，超期使用绿色食品标志。某企业获标产品三年到期，未进行续报，仍在继续使用过期标志；个别企业经管理部门通知停止用标后，仍坚持使用过期的绿色食品标志。

（7）获标企业扩大生产规模或新建基地、生产点未及时申报。

无论何种情况，只要侵犯了绿色食品标志的专用权，中国绿色食品发展中心、省级绿色食品管理机构及广大消费者都可以请求工商行政管理机关和人民法院对其进行处理。

2. 获得绿色食品标志使用权后，半年内必须使用绿色食品标志

中国绿色食品发展中心授予企业标志使用权，其目的是促进生产企业加强质量管理，发挥绿色食品标志的作用，提高企业的经济效益。如果标志许可后长期不使用，不仅产生不了价值，还会妨碍绿色食品标志的管理秩序。因此，《绿色食品标志管理办法》中规定，获得标志使用权后，半年内没使用绿色食品标志的企业，中国绿色食品发展中心有权取消其标志使用权，并公告于众。

3. 绿色食品产品的包装、装潢应符合《中国绿色食品商标标志设计使用规范手册》的要求

必须做到标志图形、“绿色食品”文字、编号及防伪标签的“四位一体”；编号形式应符合规范。取得绿色食品标志使用权的单位，应将绿色食品标志用于产品的内、外包装。企业应严格按照《中国绿色食品商标标志设计使用规范手册》（以下简称《手册》）的要求，设计相关的包装及宣传材料。《手册》对绿色食品标志的标志图形、标准字体、图形与字体的规范组合、标准色、广告用语及用于食品系列化包装的标准图形、编号规范均作了明确规定。使用单位应按《手册》的要求准确设计，并将设计彩图报经中国绿色食品发展中心审核、备案。

包装应注意以下4个问题。

（1）绿色食品的产品包装要坚持做到“四位一体”，即标志图形、“绿色食品”文字、产品编号及产品使用防伪标签。

“绿色食品”的中、英文要严格按照标准字体设计；绿色食品的标志图形应严格按比例进行缩放；绿色食品的产品编号要严格按一品一号的要求使用；绿色食品的文字、图形组合要按《手册》中的4种情形进行组合。

（2）不同包装材料和宣传材料印制中对绿色食品文字、标志、图形的颜色要求不同，包装材料必须按不同背景使用规范的标准色。AA级绿色食品的标志底色为白色，标志与标准字体为绿色；而A级绿色食品的标志底色为绿色，标志与标准字体为白色。

（3）为了增加绿色食品标志产品的权威性及绿色食品标志许可的透明度，要求在“产品编号”正后方或正下方写上“经中国绿色食品发展中心许可使用绿色食品标志”文字，其英文规范为“Certified China Green Food Product”。

（4）绿色食品的包装标签应符合《食品安全国家标准　预包装食品标签通则》（GB 7718—2011）。标准中规定食品标签上必须标注以下几方面的内容：食品名称；配料表；净含量和规格；生产者和（或）经销者的名称、地址和联系方式；生产日期和保质期；贮存条件；食品生产许可证编号；产品标准号；其他需要标示的内容。

4. 许可使用绿色食品标志的产品，在产品促销广告时，必须使用绿色食品标志

为了加强广大消费者及中国绿色食品发展中心、各绿色食品委托管理机构对绿色食品标志产品的监督，维护绿色食品的统一形象，提高标志产品的产品质量，当做产品促销广告时，必须使用绿色食品标志。同时，还必须注意以下两个问题。

（1）绿色食品标志要按《手册》的要求设计。

（2）绿色食品标志及广告语只能用于许可使用标志的产品上。如某啤酒厂有精制、生啤等啤酒，精制、生啤又分别有11°、10°、8°等不同度数，而其中只有11°精制啤酒获得了绿色食品标志使用权。企业在广告宣传时，如用“某某啤酒，绿色食品”的广告语，就会给消费者造成误解。同时，还侵犯了绿色食品发展中心的绿色食品标志专用权。

5. 使用单位必须严格履行《绿色食品标志许可使用合同》

根据《商标法》第四十条和《商标法》实施细则的第三十五条规定，商标注册人许可他人使用其注册商标时，必须签订书面合同。绿色食品标志许可使用合同是中国绿色食品发展中心与被许可人的法律文本，双方都应履行各自的职责，确保绿色食品产品质量。

绿色食品标志使用人应自被授予标志使用权当年开始，按期自觉缴纳标志使用费。各绿色食品标志专职管理人员亦应监督企业严格执行绿色食品标志许可使用合同。使用单位如未按期缴纳标志使用费，绿色食品发展中心有权取消其标志使用权，并公告于众。

6. 绿色食品标志许可使用的有效期为3年

到期要求继续使用绿色食品标志的企业须在许可使用期满前3个月重新申报。未重新申报的，视为自动放弃其使用权。中国绿色食品发展中心将责成绿色食品委托监督管理机构收回使用证书，并公告于众。

7. 标志使用单位应接受绿色食品各级管理部门的绿色食品知识培训及相关业务培训

为了提高绿色食品使用单位的管理水平和生产技术水平，规范生产单位严格按绿色食品生产操作规程生产（加工），确保绿色食品产品质量，生产单位应积极参加各级绿色食品管理部门的绿色食品知识培训及相关业务培训。参加人必须是生产技术人员或管理人员。

8. 标志使用单位应如实报告标志的使用情况

使用单位应按中国绿色食品发展中心及绿色食品委托管理机构的要求，定期报告标志的使用情况，包括许可使用标志产品的当年年产量、原料的供应情况、肥料的使用情况（肥料名称、施用量、施用次数）、主要病虫害及防治方法（使用农药的名称、使用时间、使用方法、次数、最后一次使用的时间）、添加剂及防腐剂的使用情况、产品的年销量、年出口量、产品的质量状况、价格（批发价、零售价）、防伪标签的使用情况及获得标志后企业所取得的效益等内容。绿色食品标志专职管理人员每年至少赴企业考察一次，并对以上内容进行核实，报中心备案。另外，使用单位不得自行改变生产条件、产品标准及工艺。如果由于不可抗拒的因素丧失了绿色食品生产条件，企业应在一个月内上报中国绿色食品发展中心，中心将根据具体的情况责令使用单位暂停使用绿色食品标志，等条件恢复后，再恢复其标志使用权。

9. 许可使用标志的产品不得粗制滥造、欺骗消费者

使用单位如不能稳定地保持产品质量，中国绿色食品发展中心将根据有关规定取消其标志使用权。对于违反绿色食品生产操作规程、造成绿色食品产品质量下降的企业，中国绿色食品发展中心有权取消其标志使用权；对绿色食品形象造成严重影响的企业，中国绿色食品发展中心还将追究其经济责任。

10. 出口产品使用绿色食品标志需取得许可方可使用

任何获得绿色食品标志国内使用权的企业，其出口产品使用绿色食品标志必须取得中国绿色食品发展中心的许可。

（二）绿色食品标志管理特征

1. 绿色食品标志管理是一种质量管理

所谓管理，就是对组织所拥有的资源进行有效的计划、组织、指挥、协调和控制，以便达成既定组织目标的过程。管理是人类协调共同生产活动中各要素关系的过程。绿色食品标志管理，是针对绿色食品工程的特征而采取的一种管理手段，其对象是全部的绿色食品和绿色食品生产企业；其目的是为绿色食品的生产者确定一个特定的生产环境。包括生产规范等，以及为绿色食品流通创造一个良好的市场环境，包括法律规则等；其结果是维护了这类特殊商品的生产、流通、消费秩序，保证了绿色食品应有的质量。因此，绿色食品标志管理，实际上是针对绿色食品

的质量管理。

2. 绿色食品标志管理是一种质量认证性质的管理

认证主要来自买方对卖方产品质量放心的客观需要。2003年9月，国务院发布的《中华人民共和国产品质量认证管理条例》，对产品质量认证认可的概念作了如下表述："产品质量认证是指由认证机构证明产品、服务、管理体系符合相关技术规范、相关技术规范的强制性要求或者标准的合格评定活动。"由于绿色食品标志管理的对象是绿色食品，绿色食品认定和标志许可使用的依据是绿色食品标准，绿色食品标志管理的机构——中国绿色食品发展中心，独立处于绿色食品生产企业和采购企业之外的第三方公正地位，绿色食品标志管理的方式是认定合格的绿色食品，颁发绿色食品证书和绿色食品标志，并予以登记注册和公告，所以说绿色食品标志管理是一种质量认证性质的管理。

3. 绿色食品标志管理是一种质量证明商标的管理

证明商标又称保护商标，是由对某种商品或服务具有检测和监督能力的组织所控制，而由以外的人使用在商品或服务上，用以证明商品或服务的原产地、原料、制造方法、质量、精确度或其他特定品质的商品商标或服务商标。证明商标与一般商标相比具有以下几个特点。

（1）证明商标证明商品或服务具有某种特定品质，而一般商标表明商品或服务出自某一经营者。

（2）证明商标的注册人需是依法成立，具有法人资格，对商品或服务的特定品质具有监控能力，一般商标的注册申请人只需是依法登记的经营者。

（3）证明商标的注册人不能在自己经营的商品或服务上使用该证明商标，一般商标的注册人可以在自己经营的商品或服务上使用自己的注册商标。

（4）证明商标经公告后的使用人可以作为利害关系人参与侵权诉讼，一般商标的被许可人不能参与侵权诉讼。

绿色食品标志是经中国绿色食品发展中心在国家工商行政管理局商标局注册的质量证明商标，用于证明无污染的、安全优质营养的食品。和其他商标一样，绿色食品标志具有商标所有的通性：专用性、限定性和保护地域性，受法律保护。

(三) 绿色食品标志监督管理

绿色食品是质量的保证，涉及国家利益，也涉及消费者利益，全社会都应该从这两方面利益出发，加强对绿色食品标志正确使用的监督管理。

绿色食品“由土地到餐桌”每个环节的监督控制，构成了绿色食品质量监督体系。

对于所有取得绿色食品使用权的产品，都有多环节的监督网络对其进行监督。中国绿色食品发展中心对绿色食品整个生产环节（环境、规程、食品、商品）进行监督管理。定点的绿色食品环境监测机构负责环境质量的抽查检验，各省绿色食品委托管理机构标志专职管理人员监督种植、养殖、加工等操作规程的实施，定点绿色食品监测中心根据中心下达任务，对产品进行抽检，而市场中流通的绿色食品更要接受食品监测机构的监督。此外，绿色食品标志监督管理的具体做法如下。

1. 年审制

中国绿色食品发展中心对绿色食品标志进行统一监督管理，并根据使用单位的生产条件、产品质量状况、标志使用情况、合同的履行情况、环境及产品的抽检（复检）结果及消费者的反映，对绿色食品标志使用证书实行年审。年审不合格者，取消产

品的标志使用权，并予以公告。由各省绿色食品标志专职管理人员负责收回证书，并上报绿色食品发展中心。

2. 抽检

中国绿色食品发展中心根据对使用单位的年审情况，于每年年初下达抽检任务，指定定点的环境监测机构、食品检测机构对使用标志的产品及其产地生态环境质量进行抽检。抽检不合格者，取消其标志使用权，并予以公告。

3. 标志专职管理人员的监督

绿色食品标志专职管理人员对所辖区域内的绿色食品生产企业，每年至少进行一次监督、考察。监督绿色食品生产企业种植、养殖、加工等规程的实施及标志许可使用合同的履行情况，并将监督、考察情况汇报绿色食品发展中心。

4. 消费者监督

使用单位应接受全部消费者的监督。为了鼓励消费者对绿色食品质量的监督，中国绿色食品发展中心除加大宣传力度，使消费者能认识绿色食品标志、了解绿色食品外，对消费者发现的不符合标准的绿色食品将责成生产企业进行经济赔偿，对举报者予以奖励，对有产品质量问题的企业进行查处。

(四) 绿色食品标志的法律管理

法律管理是绿色食品标志管理的核心。运用法律手段保护绿色食品标志，对于维护绿色食品标志注册人的合法权益、维护绿色食品标志的整体形象、保障绿色食品工程的顺利实施、促进农业可持续发展，都具有积极的意义。

1. 绿色食品标志的法律保护

绿色食品标志属知识产权范畴。中国绿色食品发展中心、绿色食品委托管理机构及获得绿色食品标志使用权的企业须执行

《商标法》《反不正当竞争法》《产品质量法》等诸多法律。

《商标法》是绿色食品标志必须执行且对标志予以最大力度保护的基本法律。《商标法》第三条规定："经商标局核准注册的商标为注册商标，商标注册人享有专用权，受法律保护。"

开发推广绿色食品是一项新工作，用法律保护绿色食品标志是实施绿色食品工程不可缺少的手段。为此，国家工商行政管理局和农业部联合发文《关于依法使用、保护"绿色食品"商标标志的通知》（工商标字〔1992〕第77号），为进一步加强绿色食品商标标志保护提供了有利条件。

依据上述法规，中国绿色食品发展中心制定了《绿色食品标志管理办法》，规定了绿色食品标准及申请操作程序。绿色食品企业必须严格执行。

2. 绿色食品标志商标侵权行为及假冒商标构成

根据《商标法》第五十二条及《商标法》实施细则第四十一条规定，结合绿色食品标志的具体情况，有下列行为之一者，均属侵犯绿色食品标志商标专用权行为。

（1）未经中国绿色食品发展中心许可，在中心注册的九大类商品或类似商品上使用与绿色食品标志相同或者近似的商标。具体来说，包括4种情况：在中心注册的九大类商品上使用绿色食品标志；在中心注册的九大类商品上使用类似绿色食品标志的商标；在与中心注册商品类似的商品上使用绿色食品标志；在类似商品上使用与绿色食品标志近似的商标。

（2）销售明知是假冒绿色食品标志的商品。

（3）伪造、擅自制造绿色食品标志或销售伪造、擅自制造的绿色食品标志。

（4）给绿色食品标志专用权造成其他损害的行为。

假冒商标是指凡未经中国绿色食品发展中心同意，而故意在中心注册的九大类商品上使用与绿色食品标志相同或十分近似的商标的行为，也包括擅自制造或销售绿色食品标志的行为。假冒商标与商标侵权既有区别又有联系。商标侵权不一定就是假冒商标，但假冒商标必然构成商标侵权，而且是一种严重的侵权行为。一般来说，商标侵权大多是过失和无意的行为，而假冒商标则是故意行为。

在认定绿色食品标志侵权行为是否属于假冒商标时，不能简单地以侵权情节的轻重为依据，也不能以侵权获利或经营额的大小为准，只要行为人未经中国绿色食品发展中心许可，故意在中心注册的九大类商品上使用与绿色食品标志相同或十分近似的商标，就认为是假冒绿色食品商标标志。假冒绿色食品商标标志情节严重的，构成假冒商标罪。

3. 绿色食品标志商标侵权案件及假冒商标的受理机关

根据《商标法》第五十三条和五十四条规定，工商行政管理局和人民法院都有权处理商标侵权案件。《商标法》实施细则第四十二条规定："对侵犯注册商标专用权的企业或个人，任何人可以向侵权人所在地或者侵权行为地县级以上工商行政管理机关控告或者检举。"在绿色食品标志受到侵犯时，中国绿色食品发展中心、绿色食品委托管理机构可以根据自己的意愿，请求工商行政、管理机关查处，也可直接向人民法院起诉，被许可使用绿色食品标志的企业也可参与上述请求。工商行政管理机关和人民法院虽然都受理绿色食品标志侵权案件，但在具体处理过程中，也存在如下不同之处。

（1）要求处理绿色食品标志侵权人的当事人不同。对侵犯绿色食品标志专用权的企业或个人，任何人都可以向工商行政管理机关控告和检举，即检举人可以是中国绿色食品发展中心，也可以是绿色食品委托管理机构，经公告的绿色食品标志使用人，也可以是普通消费者。但向人民法院起诉的检举人，必须是中国绿色食品发展中心注册人，同时绿色食品委托管理机构经公告的使用人也可参与上述请求。除此之外，其他人的起诉，人民法院不予受理。

（2）人民法院受理的绿色食品标志商标侵权案件，必须有明确的被告。而工商行政管理机关则不同，只要当事人提供的事实存在，被告不一定需要明确。

假冒绿色食品标志是一种严重的商标侵权行为，任何人都可以向工商行政管理机关或检察机关控告或检举。向工商行政管理机关控告或检举时，工商行政管理机关按照一般商标侵权行为处理后，对于构成犯罪的案件，直接将责任人员移送检察机关追究其刑事责任。检察机关对控告、检举或工商行政管理机关移送的假冒绿色食品标志案件进行审查，认为犯罪事实需要追究刑事责任的，予以立案。经过侦查，向人民法院提起公诉，由人民法院依法作出裁决。

4. 对绿色食品标志商标侵权行为及假冒绿色食品标志商标的处罚

对构成侵犯绿色食品标志商标专用权的行为，工商行政管理机关将责令侵权人立即停止侵权行为，封存或收缴绿色食品标识；消除现有商品和包装上的绿色食品标志；责令赔偿中国绿色食品发展中心的经济损失等。绿色食品标志商标专用权是中国绿色食品发展中心的一项民事权利，对于损害了中国绿色食品发展中心的信誉、损害了绿色食品整体形象的侵权行为，中国绿色食品发展中心（也可委托省绿色食品管理机构）可请求工商行政

管理机关责令侵权人赔偿自己的损失。

对于假冒商标的处罚，《中华人民共和国刑法》第二百一十五条规定："伪造、擅自制造他人注册商标标识或者销售伪造、擅自制造的注册商标标识，情节严重的，处三年以下有期徒刑、拘役或者管制，并处或者单处罚金。"1993 年 2 月 22 日，第七届全国人民代表大会常务委员会第十三次会议通过《全国人民代表大会常务委员会关于惩治假冒注册商标犯罪的补充规定》，其中第一、二条规定如下。

一、未经注册商标所有人许可，在同一种商品上使用与其注册商标相同的商标，违法所得数额较大或者有其他严重情节的，处三年以下有期徒刑或者拘役，可以并处或者单处罚金；违法所得数额巨大的，处三年以上七年以下有期徒刑，并处罚金。

销售明知是假冒注册商标的商品，违法所得数额较大的，处三年以下有期徒刑或者拘役，可以并处或单处罚金；违法所得数额巨大的，处三年以上七年以下有期徒刑，并处罚金。

二、伪造、擅自制造他人注册商标标识或者销售伪造、擅自制造的注册商标标识，违法所得数额较大或其他情节严重的，依照第一条第一款的规定处罚。

第五节 绿色食品生产基地认证与管理

一、绿色食品基地标准

（一）绿色食品基地的类型

按产品类别不同，绿色食品基地可以分为以下 3 种。

(1) 绿色食品初级农产品生产基地。

（2）绿色食品加工生产基地。

（3）绿色食品综合生产基地。

（二）绿色食品初级农产品生产基地的条件

（1）绿色食品须为该单位的主导产品，绿色食品产量要达到表 2-1 中所列的生产规模。

表 2-1　绿色食品生产规模一览表

产品类别	生产规模	说明
粮食大豆类	2 万亩以上	因地域、产品差异，该类生产规模可适当调整
蔬菜	大田 1 000 亩以上（或保护地 200 亩以上）	
水果	5 000 亩以上	
茶叶	5 000 亩以上	
杂粮	1 000 亩以上	
蛋鸡	年存栏 15 万只以上	
蛋鸭	年存栏 5 万只以上	
肉鸡	年屠宰加工 150 万只以上	
肉鸭	年屠宰加工 50 万只以上	
奶牛	成年奶牛存栏数 400 头以上	每头年产奶 400 kg 以上的牛为奶牛
肉牛	年出栏 2 000 头以上	
猪	年出栏 5 000 头以上	
羊	年出栏 5 000 头以上	
水产养殖	粗养面积 1 万亩以上，或精养面积 500 亩以上，或网箱养殖面积 1 000 m^2 以上	精养面积包括苗种池、养成池

（2）必须具有专门的绿色食品管理机构和生产服务体系，

由专管机构负责绿色食品生产计划和规程的制定、生产技术的指导与咨询、产品收购与销售、生产资料的供应等服务体系的建立与完善，并对绿色食品的生产实施起监督作用。

第一，绿色食品种植单位须制订绿色食品作物生产计划、病虫害和杂草防治措施及农药使用计划、施肥及轮作计划（轮作面积为检测面积乘上轮作年限）、仓库卫生措施等。

第二，绿色食品养殖单位必须制订养殖计划、疫病防治措施、饲料检验措施（含饮用水）、畜舍清洁措施等。

第三，生产单位还必须建立严格的档案制度（详细记录绿色食品生产情况、生产资料购买使用情况、病虫害发生处置情况等）及检测制度。

（3）专管机构内必须根据需要设立若干名绿色食品专管生产技术推广员，承担相应的专业技术工作。技术推广员必须接受有关绿色食品知识的培训，熟悉绿色食品生产的标准，经考核取得证书后，才能上岗。

（4）基地中直接从事绿色食品生产的人员必须经过绿色食品有关知识的培训。

（5）产地必须具备良好的生态环境，并采取行之有效的环境保护措施，使该环境持续稳定在良好的状态下。

（6）必须具备较完善的生产设施，保证稳定的生产规模，具有抵御一般自然灾害的能力。

（三）绿色食品加工生产基地的条件

（1）绿色食品加工品必须为该单位的主导产品，其产量或产值占该单位总产量或总产值的60%以上。

（2）必须具备专门的绿色食品加工生产管理机构，负责原料供应、加工生产规程和产品销售，并制定出相应的技术措施和规章制度。

（3）从事绿色食品加工管理的人员及直接从事加工生产的人员必须经过绿色食品知识培训。

（4）企业必须有相应的技术措施和保障管理制度，以及具有行之有效的环境保护措施。

（四）绿色食品综合生产基地的条件

同时具备绿色食品初级产品、绿色食品加工产品、绿色食品初级农产品及绿色食品加工生产条件的基地，则具有绿色食品综合生产基地的条件。

二、绿色食品基地的申报

（一）绿色食品基地的申报程序

凡符合基地标准的绿色食品生产单位均可申请作为绿色食品基地。其申请程序如下。

（1）申请人应向所在省（直辖市、自治区）的绿色食品委托管理机构领取《绿色食品基地申请书》，按要求填写后，报当地绿色食品管理机构。

（2）申请人组织本单位直接从事绿色食品管理、生产的人员参加培训，人员须经上级机构考核、确认。

（3）由省级（省、自治区、直辖市）绿色食品委托管理机构派专职管理人员赴申报基地单位实地考察，核实生产规模、管理、环境及质量控制情况，写出正式考察报告。

（4）以上材料一式两份，由省级（直辖市、自治区）绿色食品委托管理机构初审后，写出推荐意见，上报中国绿色食品发展中心审核。

（5）中国绿色食品发展中心根据需要，派专人赴申请材料

合格的单位实地考察。由中国绿色食品发展中心与符合绿色食品基地标准的申请人签订《绿色食品基地协议书》，然后向其颁发《绿色食品基地建设通知书》。

（6）申请单位按基地实施细则要求，进一步完善管理体系、生产服务体系和制度，实施一年后，由中心和省级（直辖市、自治区）绿色食品委托管理机构认证人员（详见《基地管理细则》）对基地进行评估和确认。

（7）给符合要求的单位颁发正式的绿色食品基地证书和铭牌，同时公告于众。对不合格的单位，适当延长建设期时间。

（二）绿色食品基地申报材料

绿色食品基地申报需要以下材料。

（1）申请人向所在省级绿色食品管理机构提交建设绿色食品基地的申请报告。

（2）省级绿色食品管理机构到申报绿色食品基地进行实地考察，并写出考察报告。

（3）申请人应提交绿色食品证书及有关基地建设的材料。

（4）申请人应制定绿色食品生产操作规程。

（5）申请人应有基地建设示意图，并明确区分绿色食品地块与非绿色食品地块。

（6）申请人应有农作物地块轮作计划和基地管理规程。

（7）申请人应有专职管理机构和人员组成名单。

（8）申请人应有专职技术管理人员及培训合格证书。

（9）申请人应建立各种档案制度（基地种植户名录、田间生产管理档案、原料收购记录、贮藏记录、销售记录、物资购买及使用记录等）。

（10）申请人应有各项检查管理制度等。

三、绿色食品基地的管理

（一）绿色食品基地生产管理

1. 统一管理

基地生产者要接受各级绿色食品管理机构的统一管理。在省级绿色食品委托机构的指导下，结合当地实际情况，制定出适合基地绿色食品生产的操作规程。

2. 生产要求

以初级农产品基地为例，初级农产品（包括畜禽产品、水产品）生产的要求如下。

（1）基地范围内的绿色食品生产地块（含倒茬地块）与非绿色食品生产地应明确区分并绘出示意图，且进行地块统一编号。

（2）基地生产者在绿色食品生产前，应按作物种类、养殖对象分别建立种植栽培方案、养殖计划、基地管理档案等材料，并提交基地管理机构。

3. 建立基地管理档案，以供生产逆向追踪监控

（1）作物栽培管理档案内容。a. 生产地块编号及所在地；b. 作物名称、品种名及栽培面积；c. 播种或定植时间；d. 生产过程中土壤耕作、施肥等使用的农资名称、农资用量及使用时间；e. 为防治病虫草害，所使用的农药及植物生长激素名称及使用时间；f. 生产过程中，除 d 和 e 的规定外，所使用的农资名称、用量、使用时间及目的；g. 每次收获的日期和产量。

（2）畜、禽饲养管理档案内容。a. 饲养场编号及所在地；b. 畜禽种类、品种及各生产阶段养殖数量；c. 入场日期；d. 饲料来源、名称、配方及用量；e. 饲料添加剂名称、用量、使用

时间；f. 饲养方式（日喂次数、饲喂方法）；g. 为消毒和防病所使用药剂的种类、用量、时间；h. 出场日期、数量。

（3）水产养殖管理档案内容。a. 养殖池编号及所在地；b. 水面面积；c. 清塘时间、方法、药物用量；d. 放养时间、品种、数量；e. 注、排水的时间、水量；f. 施肥（包括基肥、追肥）名称、数量及时间；g. 投饵料名称、配方（包括添加剂成分)、来源、时间、数量；h. 为防治疫病使用药品的名称、数量及时间；i. 捕捞时间、产量。

（二）绿色食品基地生产资料管理

生产资料的正确使用与否是影响绿色食品产品质量的重要因素之一。各生产基地应建立和完善生产资料服务体系，加强对农药、肥料、添加剂等生产资料的管理，实行统一购置和供应。基地必须使用经中国绿色食品发展中心认可、推荐的农药、肥料、添加剂等生产资料。

生产资料应设立专门的贮藏库，并按省级绿色食品委托管理机构统一印发的表格记录如下内容。

（1）种类、品名。

（2）入库时间、数量、生产厂家、购入单位、有效期、入库批号。

（3）出库时间、批号、数量。

（4）领用人。

（三）绿色食品基地销售、收购和贮存管理

以绿色食品初级农产品基地为例。绿色食品基地的销售、收购和贮存管理应包括如下内容。

1. 销售记录

基地生产者分散销售的少量产品，应分别做如下销售记录，

并定期提交基地管理机构。

(1) 产品名称及品种名称。

(2) 产品生产地块编号及面积。

(3) 销售时间、数量。

(4) 销售对象、方式。

2. 收购记录

大宗产品应由专管机构统一收购，或指定收购厂家。收购者要做如下记录。

(1) 产品名称、品种。

(2) 地块号、种植面积。

(3) 交售时间、数量。

(4) 交售人或单位。

(5) 收购经手人。

3. 贮存记录

绿色食品产品的贮存应与非绿色食品分开，不同种类、品种分别存放，并做管理记录。

(1) 贮存库号及所在地。

(2) 入库种类、品种、来源、时间及数量。

(3) 出库时间、数量及去向。

(4) 防虫、鼠措施，使用农药的时间、名称、数量。

(四) 生产基地绿色食品标志管理

1. 绿色食品标志在基地的使用范围

(1) 基地内生产的绿色食品产品。

(2) 基地建筑物内、外挂贴性装潢。

(3) 广告、宣传品、办公用品、运输工具、小礼物等。

绿色食品标志不得用于限定范围以外的商品上。

2. 绿色食品标志在基地的使用期限

绿色食品基地自批准之日起有效期为6年。绿色食品基地必须严格履行《绿色食品基地协议》，基地到期须在有效期满前半年内重新申报，逾期未将重新申报的材料递交中国绿色食品发展中心的，视为自动放弃使用“绿色食品基地”名称。

3. 基地必须严格履行《绿色食品基地协议》

按协议要求，在使用范围内规范使用绿色食品标志。

4. 严格遵守绿色食品标准

严格按照绿色食品标准的要求进行生产、加工绿色食品，主动接受绿色食品主管部门的监督、检查，配合监督检查的同时要做好自查，以保证绿色食品产品质量。

（五）绿色食品基地监督管理

各绿色食品基地管理机构和省级绿色食品委托管理部门，不定期对基地生产者的生产及销售记录进行监督检查、核定。发现不符合绿色食品生产要求时，要督促其改正，以保证质量，情节严重且不及时改正者，取消基地生产者的资格。

在绿色食品基地有效期内，中国绿色食品发展中心及其省级委托管理机构对其标志使用及生产条件、生产资料等进行监督、检查。检查不合格的限期整改，整改后仍不合格的，由中国绿色食品发展中心撤销其绿色食品基地名称，在本使用期限内不再受理其申请。自动放弃或被撤销绿色食品基地名称的，由中国绿色食品发展中心收回证书和铭牌，并予以公告。

对于擅自将绿色食品标志使用在基地未许可使用标志的产品上，或将绿色食品基地证书及铭牌转让给其他单位或个人的情况，中国绿色食品发展中心和省级绿色食品委托管理机构及广大消费者都可以请求当地工商行政管理部门依法处理。

第三章　种植业绿色食品生产技术

第一节　种植业绿色食品生产基本要求

种植业绿色食品生产技术，就是在对环境条件综合评价的基础上，以优良品种为中心，协调运用水、肥、气、热等因素，采用先进的耕作、栽培技术，建立良好的立地生态条件，使作物生长健壮、抗性提高、病虫减少，减少农药、化肥的残留，实现产品和环境的无污染。

一、作物种子和种苗的选择

（一）品种选择的基本要求

品种是农业生产中重要的生产资料，由于绿色产品特定的标准及生产技术规程要求，限制速效性化肥和化学农药的应用，因此需要通过选育和推广高产、优质、抗性强的优良品种来提高作物产量和改善产品质量。

种植业绿色食品生产对品种的基本要求包括以下几方面。

（1）选择、应用品种时，在兼顾高产、优质性状的同时，结合选用高光效及抗性品种，增强作物抗病虫及抗逆能力。

（2）充实、更新品种的同时，注意保持原有地方优良品种，保持遗传多样性。

(3) 加强良种繁育，为扩大绿色食品再生产提供种质资源。

(4) 绿色食品生产栽培的种子和种苗必须是无毒的，来自绿色食品生产系统。

(5) AA 级绿色食品生产禁止使用转基因品种。

(二) 引种

引种是指从外地或国外引进新作物、新的优良品种，供当地生产推广应用。引种是丰富当地作物种类、解决当地品种长期种植有可能退化的有效途径。

种植业绿色食品生产对引种的基本要求包括以下几方面。

(1) 引种时目标明确，需有计划、有目的、有组织地进行，避免重复引种。

(2) 引种还要根据当地的气候条件和土壤性状选择适宜当地生产的品种。

(3) 严格做好引种时种子检疫工作，特别注意防止带有当地检疫对象的种子进入，以防止危险性病虫草害的扩散传播。

(4) 绿色食品（有机）生产基地严格禁止引进转基因品种。

(三) 良种繁育要求

良种应是纯度高、杂质少、籽粒饱满、生命力强的种子，加速良种繁育是迅速推广良种、提高生产水平的重要步骤。

(1) 应根据本地生态条件、栽培习惯、技术力量，采用多种繁育方式以加速良种的繁育工作。

(2) 健全防杂保纯制度，采取有效的措施防止良种混杂退化，并有计划地做好去杂选优、良种提纯复壮工作。

二、绿色食品生产种植技术

(一) 绿色食品生产对耕作制度的基本要求

绿色食品生产对耕作制度的基本要求，不提倡单纯从土地中索取，而强调种地和养地相结合，通过合理的田间作物配置，建立绿色食品的种植制度，充分合理地利用土地及其相关的自然资源，全面改善农田营养物质循环，减少和避免土地恶化。合理调节和保护现有土地资源，不断提高土地生产力，并为持续增产创造条件。同时，要求通过耕作措施改善生态环境，创造有利于作物生长、有益于微生物繁衍的条件，以防止病虫草害的发生。

（二）土壤耕作

合理的土壤耕作是作物高产的基础。耕作项目包括翻耕、犁、耙、镇压、中耕等。其作用有松碎土壤，增强土壤透气性；翻转耕层，将上层残茬、有机肥、杂草埋入土中，有利于杂草、残茬的腐沤和有机肥的保存与分解，使下层土壤熟化；混拌肥料与土壤，使土壤营养物质均匀一致；平整土地有利于保墒，可提高其他农事操作的质量；压紧土壤有利于减少水分蒸发；土壤翻耕还可破坏地下害虫的栖息场所，有利于减少害虫的数量，也有利于天敌入土觅食。绿色食品生产根据各耕作措施的作用原理，按作物生长对土壤的要求，灵活地加以利用。

（三）实行轮作

轮作是指在同一田块上有顺序地在季节间和年度间轮换种植不同作物或复种组合的种植方式，如一年一熟的大豆→小麦→玉米三年轮作，这是在年度间进行的单一作物的轮作；在一年多熟条件下既有年间的轮作，也有年内的换茬，如南方的绿肥→水稻→水稻→油菜→水稻→小麦→水稻→水稻轮作，这种轮作由不同的复种方式组成，因此也称为复种轮作。轮作的命名取决于该轮作中的主要作物构成，被命名的作物群应占轮作区的1/3以上。常见的有禾谷类轮作、禾豆轮作、粮食作物和经济作物轮

作、水旱轮作、草田轮作等，合理的轮作有很高的生态效益和经济效益。

1. 防治病虫草害

作物的许多病害（如烟草黑胫病、蚕豆根腐病、甜菜褐斑病、西瓜蔓割病等）都通过土壤侵染。若将感病的寄主作物与非寄主作物实行轮作，便可消灭或减少这种病菌在土壤中的数量，减轻病害。对为害作物根部的线虫，轮种不感虫的作物后，可使其在土壤中的虫卵减少，减轻危害。

合理的轮作也是综合防除杂草的重要途径，因不同作物栽培过程中所运用的农业措施不同，对田间杂草有不同的抑制和防除作用。例如，密植的谷类作物，封垄后对一些杂草有抑制作用；玉米、棉花等中耕作物，中耕时有灭草作用；一些伴生或寄生性杂草（如小麦田间的燕麦草、豆科作物田间的菟丝子），轮作后由于失去了伴生作物或寄主，能被消灭或抑制危害；水旱轮作可在旱种的情况下抑制水生杂草，并在淹水情况下使一些旱生型杂草丧失发芽能力。

2. 均衡利用土壤养分

不同种作物从土壤中吸收各种养分的数量和比例各不相同，如禾谷类作物对氮和硅的吸收量较多，而对钙的吸收量较少；豆科作物吸收大量的钙，而吸收硅的数量极少，因此这两类作物轮换种植，可保证土壤养分的均衡利用，避免其片面消耗。

3. 调节土壤肥力

谷类作物和多年生牧草有庞大根群，可疏松土壤、改善土壤结构；绿肥作物和油料作物可直接增加土壤有机质来源。另外，轮种根系分布深度不同的作物，深根作物可以利用由浅根作物溶脱而向下层移动的养分，并把深层土壤的养分吸收转移上来，残留在根系密集的耕作层。同时，轮作可借豆科作物根瘤菌的固氮作用来补充土壤氮素，如花生和大豆每公顷可固氮 90~120 kg，多年生豆科牧草固氮的数量更多。

（四）提高复种指数

在同一块地上，一年内种植 2 季或 2 季以上作物的称为复种。在自然条件许可的情况下，种植业绿色食品生产应充分利用农田的时间和空间，科学合理地提高复种指数。采取复种方式时，要根据当地的气候条件因地制宜、因时制宜，如日平均气温 10 ℃以上的日数在 180~250 d 范围内的地区，大田粮食作物可实行一年两熟；250 d 以上的可实行一年三熟；少于 180 d 的只能一年一熟。但粮食作物如能与生育期短的蔬菜、饲料作物搭配，在有效积温较少的地区仍能很好地提高复种指数。

复种作物的选择与配置要充分考虑前茬给后茬、复种作物给主作物创造良好的耕作层及土壤肥力条件。例如，前茬为豆科植物，它对地力要求不高，本身具有根瘤菌可以固定空气中的氮素，收获后其根系和根瘤菌残留于土壤中，既可保留有较多的氮素，其根瘤菌在土壤中又可以起固氮作用，为后作提供氮肥；绿肥可以利用主作物收获后的季节间隙或土地间隙生长，其生育期较短、生长量大，地上部分可作为饲料或直接作为肥料，地下部分可翻埋在土中为主作物提供绿肥。复种时，同期或前后期的作物不应有共同寄主的主要病虫害，否则会造成交叉感染。一般来说，不同科的植物病虫害种类差异较大，复种时可减少病虫为害。

（五）间作套种

间作套种是充分利用土地和阳光的一种好方法，尤其是多年生的经济作物，在幼龄期往往土地空隙大，间作生育期短的作物不仅可充分利用土地、增加生产量，还可减少土地的裸露，保水

天敌的引进工作，到目前为止，我国已与20多个国家开展了天敌交流，引进天敌200多种次，输出天敌150种次。其中已显示良好效果的有丽蚜小蜂、西方盲走螨、智利小植绥螨、黄色花蝽、苏云金芽孢杆菌戈尔斯德变种等。如1979年自英国、瑞典引入北京的丽蚜小蜂，1983年已在360间温室进行试验，并成功地控制了温室白粉虱的为害，目前已在北京、天津、辽宁等地推广。1983年自美国引入广东、吉林、江苏的欧洲玉米螟赤眼蜂防治玉米螟和蔗螟也已取得显著的成效。

2. 以菌治虫

引起昆虫致病的微生物有细菌、真菌、病毒、立克次体、原生动物、线虫等。目前国内外使用最广的是细菌、真菌和病毒，其中有些种类已成功地用于害虫的防治，获得了巨大的经济效益和良好的环境效益。

（1）细菌杀虫剂。从昆虫体内分离出来并能使昆虫发病的细菌有90多个种或变种。利用昆虫病原细菌防治害虫是微生物治虫的重要方面，特别是苏云金芽孢杆菌，其使用量最大，防治面积最广，防治效果好，成为当前开展害虫生物防治的有效措施。

苏云金芽孢杆菌是微生物治虫中应用最为成功的一例，具有杀虫速度快、治虫范围广、杀虫效果较稳定、受环境影响较小等特点。苏云金芽孢杆菌菌体或芽孢被昆虫吞噬后在中肠内繁殖，芽孢在肠道中经16~24 h萌发成营养体，24 h后形成芽孢，并放出毒素。苏云金芽孢杆菌可产生两种毒素：伴孢晶体毒素和苏云金素。昆虫中毒后先停止取食，然后肠道被破坏乃至穿孔，芽孢进入血液繁殖，最后昆虫因饥饿、衰竭和败血症而死亡。哺乳动物和鸟类胃中的酸性胃蛋白酶能迅速分解苏云金芽孢杆菌的两种毒素，因此当人畜和禽鸟误食苏云金芽孢杆菌不会中毒，更不会死亡。

近几十年来，世界各国从鳞翅目幼虫中分离与苏云金芽孢杆菌相类似的各个变种和新种。有的已作为细菌农药的生产菌株，有的则作为新菌株保存。到目前为止，已发现16个血清型，26个变种。我国20世纪50年代末开始生产苏云金芽孢杆菌青虫菌，70—80年代在研究和应用方面均得到迅速发展，至1990年年产量超过1 500 t。在无公害蔬菜生产中，苏云金芽孢杆菌已成为主要的生物杀虫剂，主要的生产菌种有HD-1（从美国引进）、青虫菌（从苏联引进）、7216菌（湖北天门生物防治站培养）、8010菌（原福建农学院植物保护系培养），产品有粉剂、乳剂和悬浮剂。我国在研究、生产、应用苏云金芽孢杆菌方面已居世界先进行列，国内有生产苏云金芽孢杆菌乳剂的工厂数十家，除在国内应用外，还出口南亚等地。

（2）病毒杀虫剂。目前，已知能用于防治昆虫和螨类的病毒有700多种，分属7科，主要寄主是鳞翅目害虫，有500余种。世界上现生产有30多种昆虫病毒制剂。1993年我国第一个登记的病毒制剂是棉铃虫多角体病毒。昆虫病毒有较强的传播感染力，可以造成昆虫流行病。在生产与应用上已有许多成功实例，主要是核型多角体病毒、质型多角体病毒和颗粒体病毒。核型多角体病毒寄主范围较广，主要寄生鳞翅目昆虫。经口服或伤口感染进入体内的病毒被胃液消化，游离出杆状病毒粒子，经过中肠上皮细胞进入体腔，侵入体细胞并在细胞核内大量繁殖，而后再侵入健康细胞，直至昆虫死亡。病虫粪便和死虫中的病毒再侵染其他昆虫，使病毒病在害虫种群中流行，从而控制害虫为害。

核型多角体病毒也可通过卵传给昆虫子代，且专化性很强，一种病毒只能寄生一种昆虫或邻近种群。核型多角体病毒只能在活的寄主细胞内增殖，比较稳定，在无阳光直射的自然条件下可保存数年不失活。迄今为止，未见害虫对核型多角体病毒产生抗药性。核型多角体病毒对人、畜、鸟类、鱼类、益虫等安全。核型多角体病毒不耐高温，易被紫外线杀灭，阳光照射会使其失活，也能被消毒剂杀灭。因此，核型多角体病毒对生态环境十分安全。

我国已有 10 多种昆虫病毒制剂投入生产。在湖北、河南、河北等地建成了 5 座病毒杀虫剂厂，所生产的 6 种病毒杀虫剂效果十分明显。据中国科学院武汉病毒研究所报道，应用棉铃虫核型多角体病毒防治第 3 代棉铃虫的效果可达 86.2%。病毒杀虫剂在我国试验、示范、开发应用的面积已达 1.53×10^{7} hm^{2}，用于防治的面积达 6.0×10^{7} hm^{2}。

(3) 真菌杀虫剂。昆虫病原真菌简称虫生真菌，目前有 700 多种，研究应用较多的有白僵菌、绿僵菌、轮枝霉、座壳孢等。它们经表皮感染，在合适的温度条件下，附着在虫体表面的孢子萌发产生芽管而穿入寄主表皮，在血腔中以昆虫体液为营养生长繁殖，随着血淋巴充满整个血腔而使寄主死亡。也有一些寄主未待真菌在血腔中生长旺盛，就已被真菌产生的毒素杀死。此类虫生真菌的特点是容易生产，使用后可在自然界中再次侵染，形成害虫流行病。但在使用时，对环境的温度、湿度要求较严格，感染时间较长，防治见效较慢。

白僵菌用于防治的害虫有 30 多种，已被世界各国广泛应用。美国多用于防治森林害虫，苏联用于防治马铃薯象甲。我国北方用于大面积防治玉米螟、大豆食心虫，南方用于防治松毛虫，均取得显著防治效果。主要使用方法是常规喷雾、喷粉，或用飞机超低量喷雾防治大面积农林害虫，也有制成颗粒剂用于防治玉米螟等。此外还可用放粉炮、挂菌粉袋等方法释放白僵菌。

绿僵菌杀虫谱广，可寄生200余种昆虫、螨类和线虫，现已有一些国家工业化生产。

我国福建应用挂枝法接种座壳孢菌可以有效地防治柑橘粉虱，其平均寄生率为75.46%，流行高峰期寄生率可达96%。挂枝一次，该菌就能定居在柑橘园。北京市用于防治温室白粉虱也取得较好的控制效果。我国北方用蜡蚧轮枝菌防治温室中的白粉虱和蚜虫取得了明显的效果。中国茶叶研究所用韦伯虫孢菌防治黑刺粉虱，取得了良好的防治效果。

3. 生物防治植物治虫

生物防治植物又称为害虫生物防治植物，狭义的生物防治植物是指直接用于农作物生产中害虫生物防治的植物或作物；广义的生物防治植物包括直接和间接用于作物害虫防治的植物和天然植物提取物。

根据植物的主要功能，害虫生物防治植物可以概括为3种类型：一是具有特殊化学特征或物理特征的植物，如天然抗虫的抗性作物、杀虫植物，或具有天然诱导或拒避化学物质的植物，如诱集植物和拒避植物等；二是具有为天敌提供营养的植物或作物，如载体植物、特定显花植物、养虫植物等；三是可以为有益生物提供替代栖息生境或种库的植物（如杂草）。

从植物或作物生态系统角度分析，生物防治植物又可分为作物性植物和非作物性植物两类。前者是一些生产性的作物，可以直接用于农业生产，包括抗虫粮食作物和抗虫经济作物；后者是

非作物性的植物，如诱集植物、拒避植物、杀虫植物、载体植物、特定显花植物等。

生物防治植物主要通过 3 种途径起作用：一是直接杀灭或抑制、拒避害虫，减少害虫的取食量，如杀虫植物、抗性作物、诱集植物和拒避植物；二是通过影响有益生物来提高害虫控制作用，如直接或间接地为有益生物繁殖提供有利条件，从而增加有益生物的种群数量，进而提高生物防治效果，这类植物包括载体植物、特定显花植物或特定杂草，如美国佛罗里达大学开发的木瓜载体植物系统等；三是不参与农田中害虫直接控制作用，但间接与害虫防治发生关系，如养虫植物。

在现代农作物生态生产中，各种生物防治植物，包括抗性植物、诱集植物或拒避植物（或者说植物源农药）、载体植物系统等集成，组装成综合应用技术也是未来的重点研究方向。

4. 其他动物治虫

鸟类是害虫的一大类天敌，如一只灰椋鸟每天能捕食 180～200 g 蝗虫；大山雀每昼夜吃的害虫量约等于自身的质量；一只燕子一天能消灭上千头毛虫；啄木鸟能啄食树干中的各种蛀心虫；麻雀能有效地控制农田、果园、菜地的各种害虫。常见的鸟类捕虫能手还有灰喜鹊、白头翁、黄鹂、杜鹃等。因此，保护森林，种植防护林、行道树，可以招引鸟类来捕食害虫。

我国稻田蜘蛛资源十分丰富，有 120 多种，它们分布在稻株上、中、下 3 层，有布网的，有不结网过游猎生活的，捕食飞虱、叶蝉、螟虫、稻纵卷叶螟、稻苞虫等。发生量最大的主要是分布在稻株中下层的环纹狼蛛、拟水狼蛛、草间小黑蛛、八斑球腹蛛等，常占蜘蛛总量的 80%左右，是控制飞虱、叶蝉的重要天敌。棉田蜘蛛 130 余种，常见的有 25 种以上，常年以草间小黑蛛、T 纹豹蛛和三突花蛛最多，是控制棉田害虫的优势种群。

此外，利用鸭子捕食稻田害虫，利用鸡啄食果园、茶园的害虫，保护青蛙、猫头鹰、蛇等，都能有效地防治各种害虫。

（二）作物病害的生物防治

病毒生物防治技术就是把自然状态下与病原微生物存在拮抗作用或竞争关系的极少量微生物，通过人工筛选培养、繁殖后，再用到作物上，增大拮抗菌的种群数量，或是将拮抗菌中起作用的有效成分分离出来，以工业化大批量生产，作为农药使用，达到防治病害的目的。前者称为微生物农药，后者称为农用抗生素。病害生物防治主要用于防治土传病害，也用于防治叶部病害和收获后病害。

1. 植物病害拮抗微生物

防治植物病害的微生物主要有细菌、真菌、放线菌、病毒等。

（1）细菌。已发现有 20 多属细菌具有与病原微生物的拮抗作用。应用细菌防治病害最成功的是澳大利亚用土壤中分离的放射土壤杆菌 K84 菌株防治桃树等果树及林木冠瘿病，其防治效果达 90%以上，先后在澳大利亚、法国、美国等 10 多个国家大面积推广应用成功。我国也引进和分离了该菌种，应用于杨树、葡萄的冠瘿病防治，并取得了很好的效果。取得成功的菌种主要有土壤杆菌、假单胞菌、芽孢杆菌等，该类微生物具有繁殖快、生产时间短、成本低的优点，与病原菌有共同的生态适应性，可以从中提取抗生素。

近年来，利用荧光假单胞菌防治植物病害的例子越来越多，如防治棉花立枯病、棉花猝倒病、小麦根腐病、烟草黑胫病、水稻鞘腐病等，表明利用微生物防治植物病害是完全可行的。

目前研究较多的是枯草芽孢杆菌，其次是蜡质芽孢杆菌。

1995 年，江苏省农业科学院植物保护研究所通过筛选大量土壤拮抗微生物而获得一种土壤枯草芽孢杆菌拮抗菌 B916，其生物发酵液能有效地控制水稻纹枯病和稻曲病。1995 年河南省农业科学院植物保护研究所从郑州苹果园中分离得到枯草芽孢杆菌拮抗菌 B-903，其代谢产生的抗菌物质对多种植物病原真菌，尤其对多种镰刀菌引起的土传病害有强抑制作用，显示了良好的潜在应用前景。1993 年，王雅平等自丝瓜根际分离到一种枯草芽孢杆菌 TG26，活菌体及其发酵粗蛋白对包括水稻稻瘟病菌、玉米小斑病菌、小麦赤霉病菌等 13 种病原真菌及烟草青枯病原细菌等有很好的抑制作用。1993 年，西南农业大学（现更名为西南大学）自水稻稻株上分离获得一株蜡质芽孢杆菌 R2，对水稻纹枯病菌的拮抗性和防病效果良好。

（2）真菌。现筛选出的真菌主要有重寄生真菌、低毒力真菌等。

①木霉。木霉是一类较理想的生物防治有益菌，分布广泛，易分离和培养，可在许多基质上迅速生长，对多种病原菌有拮抗作用，是目前研究和应用最多的一类生物防治菌。

②哈茨木霉。从水稻叶面分离得到哈茨木霉，经拮抗作用测定，发现对白绢病菌菌丝有很强的溶解作用，对菌核有寄生作用。哈茨木霉菌株对白绢病菌、立枯丝核菌、瓜果腐霉、刺腐霉和尖孢镰刀菌有较强的拮抗作用。

③康氏木霉。康氏木霉对棉花立枯菌的抑制作用很强。木霉与麦麸等原料混合制成菌剂，田间小区试验对棉苗立枯病病情指数减轻 63.4%。

④食线虫真菌。食线虫真菌主要包括捕食线虫真菌、内寄生真菌、产毒素杀线虫真菌，以及定殖于固着性线虫、卵、雌虫、

孢囊的机会病原真菌4大类。目前，全世界报道的食线虫真菌类400多种，我国报道的种类有163个。

（3）放线菌。放线菌用于生物防治有许多成功的实例。我国记载20世纪50年代从苜蓿根系获得的5406放线菌，试验后用于防治棉花病害、水稻烂种、小麦烂种等多种病害取得显著效果。农用链霉素是放线菌的代谢物，杀菌谱广，防治多种细菌性病害效果明显，已广泛应用于农业生产。

（4）病毒。利用病毒防治病害的原理是利用交叉保护防治病毒及用真菌传带病毒防治真菌。比较典型的例子是在巴西用高压枪将弱毒的柑橘速衰病毒接种在柑橘苗上，使其本身产生抗体，从而有效地保护近亿株的柑橘苗免遭柑橘速衰病毒的为害。我国也曾用该方法，用番茄花叶病毒弱毒株N11、N14大面积防治花叶病毒。目前应用成功的例子多限于一些经济价值高的作物上，农田应用的较少。

2. 农用抗生素

抗生素是微生物、植物、动物在其生命活动过程中所产生的次级代谢物，能在低浓度下有选择地抑制或影响其他生物机能。我国的农用抗生素研究起步于20世纪50年代，经过几十年的研究，取得了很大的成就，开发和应用了井冈霉素、农抗120、内疗素、多效霉素、公主岭霉素、春雷霉素、多抗霉素、中生菌素等抗生素。

（1）井冈霉素。井冈霉素是我国从井冈山分离的吸水链霉菌的一个变种，于20世纪70年代开发成功，经久不衰，至今仍是防治水稻纹枯病的当家品种，使用面积达$2.0\times10^5\ hm^2$，并在原有水剂基础上，开发出高含量的可溶性粉剂。井冈霉素具有以下特点：药效高，施药量为45~75 g/hm^2时可达到90%以上的防

治效果；持效长，一次用药能保持14~28 d的防治效果；有治疗作用，水稻发病后治疗效果尤为明显；增产效果显著，平均水稻每公顷增产550. 5 kg。

（2）农抗120。农抗120是刺孢吸水链霉菌北京变种，是从北京土壤中分离获得的。农抗120对瓜菜枯萎病、小麦白粉病、小麦锈病、水稻纹枯病、番茄早疫病、番茄晚疫病等均有很好的疗效，防治效果均在70%~90%。

（3）内疗素。内疗素是从海南岛土壤中的刺孢吸水链霉菌中分离获得的。1~10 mg/kg浓度的内疗素即能抑制多种致病真菌的生长。内疗素防治谷子黑穗病的平均防治效果达95%以上。此外，内疗素也能有效地防治红麻炭疽病、甘薯黑斑病、橡胶白粉病、白菜霜霉病等。

（4）多效霉素。多效霉素是从我国广西土壤中的不吸水链霉菌白灰变种分离得到的。它含有B、C、D、ES等4种以上抗生素，对多种植物病原真菌、细菌、线虫等均有抑制和杀伤作用。因其有效成分多、防治范围广，故称为多效霉素。多效霉素对橡胶溃疡病有很好的防治效果，防治效果为80%~90%；对红麻炭疽病、苹果树腐烂病、柑橘树流胶病、水稻纹枯病、黄瓜霜霉病、甘薯线虫病等均有良好的防治效果。

（5）公主岭霉素。公主岭霉素是从我国吉林公主岭土壤中的不吸水链霉菌公主岭变种分离到的。公主岭霉素的主要成分为脱水放线酮、异放线酮、奈良霉素B、制霉菌素和苯甲酸5种。其中以放线酮类活性较高，其次是制霉菌素，苯甲酸活性最低。公主岭霉素对种子表面带菌的小麦光腥黑穗病、高粱散黑穗病和坚黑穗病、谷子和糜子黑穗病等的防病效果一般在95%以上，同时对土壤传染的高粱和玉米丝黑穗病也有一定的防治效果。

（6）春雷霉素。春雷霉素是中国科学院微生物研究所1964年从江西太和县的土壤中分离得到的一株金色放线菌产生的抗生素。春雷霉素对稻瘟病菌、绿脓杆菌和少数枯草芽孢杆菌有很强的抑制作用。防治稻瘟病的使用浓度为40 mg/L。

（7）多抗霉素。多抗霉素是中国科学院微生物研究所1967年从安徽合肥市郊区菜园土壤中分离得到的一株放线菌产生的抗生素。多抗霉素具有广泛的抗真菌谱，能用来防治烟草赤星病、番茄灰霉病、黄瓜霜霉病等多种病害。

（8）中生菌素。中生菌素是中国农业科学院生物防治研究所从海南的土壤中分离得到的。中生菌素各组分均为左旋化合物，属于N-糖苷类抗生素，是一种多组分碱性水溶性物质。中生菌素对水稻白叶枯病、大白菜软腐病、十字花科黑腐病、十字花科角斑病有良好的防治效果，喷药两次防治效果达80%以上。

此外，在我国农业上推广应用的抗生素还有阿司米星、浏阳霉素、庆丰霉素、科生霉素、农抗101、农抗1874、农抗86-1等。

（三）作物草害的生物防治

1. 以虫治草

国外在大面积应用昆虫防除杂草方面已取得了成功的经验，如澳大利亚从阿根廷引进鳞翅目昆虫防治仙人掌，美国从墨西哥引进马缨丹网蝽防治马缨丹均取得了成功。其原理是在该种杂草的原产地，筛选以该种杂草为食的一些昆虫，而这些昆虫食性单一，昆虫本身的特性与该种杂草的生长环境相适应，易于人工培养。引入后通过隔离试验，认为确实有效，且对生态环境及对作物和人类无副作用的才在生产上使用。我国已成功地利用广聚萤叶甲防治豚草，对重要的有害入侵植物水浮莲、喜旱莲子草等也正在研究应用昆虫防治。

2. 微生物治草

利用寄生在杂草上的病原微生物，选择高度专一寄生的种类进行分离培养，再应用到该种杂草的防治上。目前已知的杂草病原微生物主要有真菌、病毒等40多种。我国在这方面已取得了一些成功的例子，如山东省农业科学院植物保护研究所从大豆菟丝子上分离得到一种无毛炭疽病菌，能专一寄生大豆菟丝子，致使菟丝子发病死亡，而对大豆、花生、高粱、玉米、烟草等作物不产生致病性。这种病菌曾工厂化生产，商品名为鲁保1号，在山东、安徽、陕西、宁夏等地推广，防治效果稳定在85%以上，挽回大豆损失30%~50%。但因后期该病菌孢子发生变异，生产工艺难以解决，致使防治效果下降而逐渐停止使用。又如，我国在哈密瓜田恶性杂草列当病株上分离得到一种镰刀菌，培养生产出F798生物防治剂，该菌的专一性强，可使列当发病变色、萎蔫枯死，防治效果在95%以上。

第四章　养殖业绿色食品生产技术

第一节　绿色食品养殖场建设

一、绿色食品畜禽饲养场的选择与建设

畜禽饲养环境的质量如何，是决定绿色食品养殖业能否发展的关键环节之一。饲养环境包括养殖场的外部环境如放牧地等，还包括养殖场的内部环境如圈舍等。按照国家绿色食品发展中心的要求，评价和衡量绿色食品饲养场环境质量的因子包括空气、土壤、水质。生产绿色食品畜禽产品的产地应符合《绿色食品产地环境质量》（NY/T 391—2013）；符合国家畜牧行政主管部门制定的良种繁育体系规划的布局要求；符合当地土地利用发展规划和村镇建设发展规划；符合当地农业产业化发展和结构调整的要求。

（一）场址选择

绿色畜禽产品生产中的场址选择有着重要的作用，在新建饲养场时应选择周围无污染，地势干燥、背风向阳，交通便利，并远离交通主要干道、居民生活区、工厂、市场等的地块。水电供应稳定，水质良好充足，能满足人畜生活、生产及消防用水等需要。饲养场内的布局，应严格设置饲养区、生活区、隔离区和行

政办公区等不同的分区，并有相应的隔离措施及合理的间距，便于防疫工作的开展。按照粪便处理规范，建好相应的畜禽粪便处理设施，实现粪便资源的合理化利用，减少对环境带来的危害。拟建的畜禽饲养场（舍）要根据饲养动物的生理特点以及当地环境、地形、地势等选择适宜的位置，合理规划整个饲养场（舍），要求能为畜禽创造一个舒适的生活环境，便于饲养管理和卫生防疫，保证整个畜禽群体能健康生长，提高其生产能力。畜禽场（舍）的环境卫生不仅直接影响到畜禽的健康生长，而且还间接地影响到畜禽产品的品质。因此，绿色食品畜禽场（舍）地应基本满足下述要求。

1. 地势

要求干燥、平坦、背风、向阳，牧场场地应高出当地历史上最高的洪水线，地下水位则要在 2 m 以下。

2. 水源

水质必须符合《生活饮用水卫生标准》（GB 5749—2006）中的规定，水量充足，最好用深层地下水。

3. 地形

畜禽场（舍）要求地形开阔整齐，通风透气，交通便利。

4. 位置

饲养场（舍）应距交通主干线 300 m 以上；距居民居住区或其他畜牧场不小于 500 m；保证场区周围 500 m 范围内及水源上游没有对产地环境构成威胁的污染源。应位于村镇的上风处，以利于有效防止疫病的传播。而以下地段和地区不得建场：水源保护区、旅游区、自然保护区、环境污染严重的地区、畜禽疫病常发区等。

（二）场内布局

在设计建造畜禽场（舍）时，应尽量考虑到既要避免外界不良环境对畜禽健康品质及生长发育的影响，又能使饲养效率充分发挥，取得最大的经济效益。场（舍）内布局合理与否对生产管理的影响很大，要坚持有利于生产、管理、防疫和方便生活为一体的原则，统一规划，合理布局。要求行政、生活区距场（舍）250 m以上，场（舍）要单独隔离。在场（舍）下风50 m左右的地势低洼处建粪便、垃圾处理场，畜禽饲养场的粪便应进行无害化处理，如进入沼气池发酵、高温堆肥、除臭膨化等。废水的排放应达到《污水综合排放标准》（GB 8978—2002）中的规定。为有效防止疫病传播，应建立消毒设施，畜禽进入场（舍）必须进行消毒。各区之间应有一定的安全距离，最好间隔300 m，各场（舍）下风处150 m远的地方还应建立病畜禽隔离间等。场区布局与畜禽舍建筑要充分考虑畜禽生长发育和繁殖生产的环境要求，给予其舒适的外部环境，让其享受充足的阳光和空气，尽可能为畜禽提供它们固有生活习性所需的条件。

（三）舍内环境要求

畜禽适宜的生长环境因素主要包括温度、湿度、气流速度、光照以及新鲜清洁的空气等。

1. 温度

畜禽为恒温动物，在生产中要求舍温保持在畜禽适宜生长发育的温度范围内，冬暖夏凉。

2. 湿度

畜舍空气中的湿度不仅直接影响家畜健康和生产性能，而且严重影响畜舍保温效果。舍内相对湿度以50%~70%为宜，最高不超过75%。

3. 气流速度

舍内应保持一定的气流速度，夏季可排出舍内的热量，帮助

畜体散热，增加畜禽舒适感。而在冬季低温、畜舍密闭的条件下，引进新鲜空气，可使舍内温度、湿度等空气环境状况保持均匀一致，并可使水汽及污浊气体排出舍外。因此，夏季要求畜体周围气流速度保持在0.2~0.5 m/s；冬季则以0.1~0.2 m/s为宜，最高不超过0.25 m/s。

4. 光照

不同品种的畜禽在不同的生长阶段，所要求的光照时间、光照强度不同。禽类对光的敏感度，直接影响其生长发育、生产性能和其他活动。光照在环境因素中对畜禽的生理活动起很大作用，应根据品种特性、生长发育阶段等确定合理的光照时间和强度。

5. 舍内空气

舍饲畜禽由于呼吸和有机物分解等，经常产生大量有害气体，必须及时排出。畜禽排出的有害气体主要有氨气、硫化氢和二氧化碳。氨及硫化氢的浓度过高时，不仅影响畜禽健康及生产性能，而且直接影响畜禽产品的品质。畜舍中氨浓度不应超过20 mg/L，鸡舍不超过15 mg/L。硫化氢毒性较大，舍内浓度不得超过5 mg/L。二氧化碳一般不引起家畜中毒，但它表示空气的污浊程度，舍内浓度以0.1%为限。

6. 饲养密度

饲养密度与畜禽的健康和生长发育密切相关，要充分保证畜禽的有效活动空间，保持合理的饲养密度。

7. 干扰

要防止有害动物及昆虫的侵扰，主要是防止啮齿类动物、鸟类和其他动物的干扰。

(四) 建设要求

绿色食品养殖场建设应以合理布局、利于生产、促进流通、便于检疫与管理、防止污染环境为原则。加强饲养场周围环境的管理，控制外来污染物。养殖场内和周围应禁止使用滞留性强的农药、灭鼠药、驱蚊药等，防止通过空气或地面的污染进而影响畜禽的健康。地面养殖畜禽以及规划的畜禽运动场，还应对土壤样品进行检测，土壤中农药、化肥、兽药以及重金属盐等有害物质含量不可超标。建场前要通过环保部门的环境监测，无“三废”污染，大气质量应符合《环境空气质量标准》（GB 3095—2012）中的要求；建筑应符合兽医卫生要求，养殖场环境卫生应符合《畜禽场环境质量标准》（NY/T 388—1999）中的要求。除严格按设计图施工外，还要求必须精心细致；建筑材料如木材、涂料、油漆等，以及生产设备，应对畜禽和人类的健康无害，包括潜在危害都不能存在；内墙表面应光滑平整，墙面不易脱落；有良好的防鼠、防虫和防鸟设施；动物饲养场和畜产品加工厂的污水、污物处理应符合国家《畜禽养殖污染防治管理办法》中的要求，要求排污沟应进行硬化处理，绝对禁止在场内或场外随意堆放和排放畜禽粪便和污水，防止对周围环境造成污染。除此之外，还要做好场区绿化，改善局部小气候，采取切实有效的生态环境净化措施，从源头上把好质量安全关。

二、绿色食品水产品养殖区的选择

在选择绿色食品水产品养殖区时，应遵循以下几方面原则。

（1）周围没有矿山、工厂、城市等大的工业和生活污染源，养殖区生态环境良好，达到绿色食品产地环境质量的要求。池塘大小根据实际养殖品种而定，基本在5～25亩，所有的池塘长宽比选取约为1∶2。

（2）水源充足，常年有足够的流量。水质符合国家《渔业

水域水质标准》。

（3）交通便利，有利于水产品苗种、饲料、成品的运输。

（4）养殖场进、排水方便，水温适宜。可根据不同养殖对象灵活调节水温、处理污水、供应氧气，以保证水生动物健康生长。

（5）海水养殖区应选择潮流畅通、潮差大、盐度相对稳定的区域，注意不得靠近河口，以防洪水期淡水冲击，盐度大幅度下降，导致鱼虾死亡，以及污染物直接进入养殖区，造成污染。

第二节　绿色食品养殖业饲料生产技术

一、养殖业饲料的选择

（1）对于绿色畜禽产品来说，种植饲料的土壤环境、施肥、灌溉、病虫害防治、收获、贮存必须符合绿色食品生态环境标准，饲料的加工、包装、运输必须符合绿色食品的质量、卫生标准。这些条件是生产绿色畜禽产品的基石。为使生产的饲料达到消化率高、增重快、排泄少、污染少、无公害的营养目的，优质的原料是前提。因此，应选择消化率高、符合绿色食品标准的饲料原料，特别是牧草和其他天然植物可提供维生素、矿物质、多糖或其他提高动物免疫力的活性组分（大蒜、马齿苋、山楂等）。另外，要注意选择无毒、无害，安全性高，未受农药、重金属、放射性物质污染的原料。养殖所使用的饲料和饲料添加剂必须符合《饲料卫生标准》《饲料标签标准》等各种饲料原料标准、饲料产品标准和饲料添加剂标准。

（2）禁止使用转基因生产的饲料和饲料添加剂，如在《绿

色食品　饲料及饲料添加剂使用准则》中规定“不应使用转基因方法生产的饲料原料”。不用动物粪便作饲料，反刍动物禁止使用动物蛋白质饲料。

（3）选用合格的饲料添加剂，品种符合《允许使用的饲料添加剂品种目录（2013）》，禁用调味剂类、人工合成的着色剂、人工合成的抗氧化剂、化学合成的防腐剂、非蛋白氮类和部分黏结剂。所选用的饲料添加剂和添加剂预混合饲料必须来自于有生产许可证的企业。并且具有企业、行业或国家标准、产品批准文号，进口饲料和饲料添加剂产品登记证及与之有关的质量检验证明。

（4）粗饲料和精饲料要合理搭配。饲料搭配除满足动物生长和生产需要外，还应考虑动物适应环境能力的需要；考虑饲料配方中更多营养组分的需要量。除蛋白质、维生素和矿物质外，还有脂肪酸、糖类等。

（5）在生产和贮存过程中没有被污染或变质。

二、日粮配合

近年来，随着动物营养科学的迅速发展，日粮配合技术正经历着一系列深刻的变化，这些变化正在和将要对动物营养学的理论和实践产生重大、深远的影响。

（一）配合饲料类别

1. 添加剂预混料

它是由营养物质添加剂如维生素、微量元素、氨基酸和非营养物质添加剂组成，并以玉米粉或小麦麸为载体，按配方要求进行预混合而成。它是饲料加工厂的半成品，可以作为添加剂在市场上直接出售。这种添加剂可以直接加在基础日粮中使用。

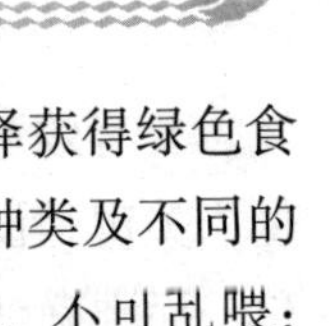

使用添加剂预混料要注意以下几点：一是要选择获得绿色食品标志的添加剂预混料；二预混料是根据不同畜禽种类及不同的营养需要量配制的，故使用时一定要“对号入座”，不可乱喂；三是预混料的用量一定要按照使用说明的要求添加，过多或过少都会产生不良后果，用量过大会引起中毒，一般其用量占配合饲料用量的0.25%~1%；四是添加剂预混料必须与饲料搅拌均匀后才能使用，且不宜久存。

2. 浓缩饲料

浓缩饲料又称平衡用混合料。它是在预混料中，加入蛋白质饲料如鱼粉、肉骨粉、血粉、豆饼、棉籽饼、花生饼等和矿物质如食盐、骨粉、贝壳粉等混合而成的。用浓缩饲料再加上一定比例的能量饲料如玉米、麸皮、大麦、稻谷粉就可直接使用。浓缩饲料的生产不仅可避免运输方面的浪费，同时还解决了饲养单位因蛋白质饲料缺乏而造成的畜禽营养不足问题。

3. 全价配合饲料

它是由浓缩饲料加精饲料配制而成的，也叫全日粮配合饲料。这种饲料营养全面，饲料报酬高，大多用于集约化养殖场，使用时不需另加添加剂。

4. 初级配合饲料

这种饲料也称混合饲料，由能量饲料和蛋白质、矿物质饲料按照一定配方组成，能够满足畜禽对能量和蛋白质、钙、磷、食盐等营养物质的需要。如再搭配一定的青粗饲料或添加剂，即可满足畜禽对维生素、微量矿物质元素的需要。

（二）日粮配合与生产

（1）利用饲料和营养的最新研究成果，准确估测各种饲料原料中养分的可利用性和各种动物对这些营养物质的准确需要量。要有效地减少养分过量供给和最大限度地减少营养物质排泄量，关键是设计配置出营养水平与动物生理需要基本一致的日粮，而准确估测动物在不同生理阶段、环境、日粮原料类型等条件下对氨基酸及矿物元素等的需要量，是配置日粮时参考的标准，也是配置日粮的决定因素，其准确与否会直接影响动物的生产性能和粪尿中氮、磷等物质的排泄量。不同饲料原料中，养分的利用率有很大的差异，因此不仅要测定出饲料原料中各种养分的含量，还要测定其消化利用率，这样才能以可利用养分为基础较准确地反映饲料的营养价值。

（2）按理想蛋白模式，以可消化氨基酸含量为基础配制符合畜禽和水产养殖需要的平衡日粮。营养平衡是科学设计饲料配方的基础。所谓营养平衡的日粮是指日粮中各种营养物质的量及其之间的比例关系与动物的需要相吻合。大量的实验证明，用营养平衡的日粮饲养动物，其营养物质的利用率最高。根据不同养殖对象的品种、年龄合理设计氨基酸平衡的日粮，是提高产品数量和质量的主要途径。

（3）选用绿色饲料添加剂，确保饲料安全。随着饲料工业的发展，新型的饲料添加剂不断涌现，选用高效、安全、无公害的“绿色”饲料添加剂是生产高质量绿色养殖产品的重要措施。近年来，随着生物工程和化学合成技术的发展，生长激素类物质被广泛应用于肉畜生产，它对增加肉类产品供应、保障社会需求起到了积极的作用。但某些厂家为了让畜禽生长快、不生病，一般都在饲料中加入防病、治病的药物和生长激素，甚至包括被禁止使用的性激素等。畜禽吃了药物残留量高的饲料后，通过富集、聚集后传递到人体内，在肌肉组织和内脏中残留富集，出现药物毒性反应或使人体产生抗药性，导致人易感染或生病时用药

无效。有些生产预混料、浓缩料的厂家，受利益驱使，滥加药物，产品上没有标明成分。防止饲料中滥加药物的关键是把住预混料、浓缩料质量关。

（4）改进饲料加工工艺。饲料的加工工艺诸如粉碎、混合、制粒以及膨化，可影响动物对饲料养分的利用率。其中粒度和混合均匀度最为重要。

（5）充分利用青粗饲料。青饲料是发展畜禽生产的主要饲料资源，它的特点是营养价值较全面、养分比例较为合适，但水分多、干物质少、体积大、能量低。通常青饲料和配合饲料合理搭配使用，可满足家畜对维生素、微量元素、矿物质的需要。青粗饲料的种类很多，如苕子、紫云英、红浮萍、牛皮菜、莲花白、甘薯、青玉米、三叶草、黄花苜蓿、水浮莲、细绿萍、水花生以及各种农作物秸秆等。

绿色配合饲料生产的关键在于：必须建立绿色饲料原料基地，才能够长期稳定地保证原料的质量；筛选优化饲料配方，保证营养需要，应用理想蛋白模式，添加必需的限制性氨基酸；原料膨化，提高消化利用率，精确加工，生产优质的颗粒饲料；广泛筛选有促进生长和提高成活率又无不良反应的生物活性物质，生产核心饲料添加剂；应用多种酶制剂，提高饲料的利用率，同时也减少排泄污染。

三、反刍家畜饲料利用技术

近年来，随着人们膳食结构的改善和对安全性绿色畜产品的追求，以及国家产业结构的调整和对草食家畜饲养业的大力扶持，中国反刍家畜饲养业呈现出了前所未有的发展势头和局面。肉牛、肉羊育肥业的兴起及规模化、产业化发展，城郊奶牛业的不断壮大及乳制品加工业的不断完善，为丰富城乡居民菜篮子、满足社会日益增长的肉、奶需求奠定了基础。然而随着反刍动物规模化、商品化生产的发展及兽药、饲料添加剂的广泛应用，在促进反刍动物生产发展的同时，也带来了许多负面影响。尤其近年来因大量使用动物性饲料（如肉骨粉等）引发欧洲“疯牛病”的蔓延，直接影响着人类健康和生态环境的改善，也制约着中国牛羊肉、奶制品优势的发挥和市场竞争力的提高。按农业农村部《禁止在反刍动物饲料中添加和使用动物性饲料的通知》要求，在反刍动物饲料中严禁使用肉骨粉、骨粉、血粉、血浆粉、动物下脚料、动物脂肪、血浆及其他血液制品、羽毛粉、鱼粉、鸡杂碎粉、蹄粉等存在安全隐患的动物性饲料，防止“疯牛病”的发生和传播。由于反刍动物与单胃动物相比，在消化系统方面存在着很大的差异。因此，应根据其瘤胃特点，采用瘤胃保护氨基酸、膨化、加热等技术和方法，提高植物性蛋白饲料的利用率，增加反刍家畜生产的饲料的安全性和经济效益。

（一）利用瘤胃保护氨基酸

反刍家畜，尤其是高产反刍家畜（如高产牛、强度育肥肉牛和肉羊）对由过瘤胃蛋白提供小肠氨基酸的需要量较大，而动物性饲料尤其是骨粉、鱼粉、血粉等不但营养丰富、全面且瘤胃降解率低，是反刍动物饲料中最常用的过瘤胃蛋白料来源。为防止“疯牛病”的传入，农业农村部发布《禁止在反刍动物饲料中添加和使用动物性饲料通知》，禁止在反刍家畜饲养中使用肉骨粉、骨粉、血粉、动物下脚料和蹄角粉等动物性饲料，这无疑给反刍家畜，尤其高产奶牛和育肥牛、羊的生产带来了难度。近年来的研究表明，瘤胃保护氨基酸在满足反刍动物限制性氨基酸需要的同时，可提高蛋白质饲料的利用率，改善畜产品质量，在一定程

度上减轻排泄物对环境的污染。与过瘤胃蛋白相比，过瘤胃氨基酸能够更精细地反映整个机体的代谢蛋白，可作为反刍动物蛋白质和氨基酸营养整体优化的、更为理想的指标，是平衡小肠氨基酸的最简便而又直接的方法。使用少量的瘤胃保护氨基酸（RPAA）可以代替数量可观的瘤胃非降解蛋白，例如，用 50 g 瘤胃保护氨基酸可以替代 500 g 的血粉和肉骨粉。在饲料中合理添加瘤胃保护氨基酸（RPAA）完全可以替代补充必需氨基酸的过瘤胃蛋白质（肉骨粉、鱼粉、羽毛粉等），还能提高奶牛产奶量和乳脂率，降低日粮蛋白质水平和饲料成本。美国宾夕法尼亚大学在 50%玉米青贮料和 50%标准精料组成的奶牛日粮中，补加 15 g/d 过瘤胃蛋氨酸和 40 g/d 过瘤胃赖氨酸，结果表明，牛奶蛋白质的含量提高 7.5%，而奶牛干物质摄入量、产奶量和乳脂率没有影响。一般认为，奶牛日粮中添加过瘤胃氨基酸最适宜的时间为分娩前 2~3 周至泌乳期 150d。

（二）膨化技术

自 20 世纪 90 年代以来，国内饲料膨化技术有了很大发展，配套 160 kW 的商用机型已大量使用，但国内饲料膨化技术起步较晚，基础研究很薄弱，基本上还处于仿制、改进阶段，鲜有关于这方面的报道。在饲料膨化过程中，由于高温、高压的作用，可以使饲料中淀粉糊化并与蛋白质结合，降低蛋白质在瘤胃内的降解率，提高蛋白质和能量的利用率。1995 年，Aldrich 和 Merchen 的研究证明，随着膨化温度的升高，大豆蛋白的瘤胃降解率显著减少，160 ℃加工的膨化大豆的过瘤胃蛋白为 69.6%，而生大豆仅 15.9%，且膨化大豆有非常好的氨基酸消化率。使用膨化技术，在 130 ℃的温度下，可使菜粕里面含有的小肠可利用氮由未加工前的 208 g/kg 提高到 288 g/kg，瘤胃蛋白质降解率由

65%下降至35%。同时，挤压膨化还可以破坏植物蛋白中的抗营养因子和有毒物质，提高饲料利用率，提高动物的生产水平。杨丽杰等研究表明，在121 ℃的温度条件下，膨化常规商品大豆，可失活70%以上的胰蛋白酶抑制因子和全部凝集素。Bijchs研究表明，膨化棉籽可以使棉籽中游离棉酚含量从0.91%下降到0.021%，用膨化棉籽饲喂奶牛可显著提高产奶量和饲料利用率。

（三）加热处理

通过加热可以使饲料中的蛋白质变性，使疏水基团更多地暴露于蛋白质分子表面，从而使蛋白质溶解度降低，降低蛋白质在瘤胃中的降解率，提高其利用率。周明等研究表明，未处理的豆粕的蛋白质瘤胃降解率为49.53%，经过时间为45 min，温度分别为75 ℃、100 ℃、125 ℃、150 ℃的热处理后，豆粕的蛋白质瘤胃降解率分别为45.06%、41.01%、37.56%、23.95%，说明加热能明显降低豆粕蛋白质的瘤胃降解率。

（四）甲醛处理

甲醛处理是保护植物性蛋白质过瘤胃的常用方法之一。甲醛与蛋白质发生化合反应，降低蛋白质在瘤胃中的降解率。李琦华等将豆饼用2 g/kg甲醛处理后，瘤胃干物质（DM）降解率从87.19%下降到60.93%（豆饼含水量为14%时）和56.29%（豆饼含水量为18%时），粗蛋白质的降解率从87.69%分别下降到48.36%和43.43%。随着甲醛用量的增加，干物质和粗蛋白质的降解率可进一步下降，但下降幅度减小。甲醛处理可以增加体内氮的沉积率，降低瘤胃的氨氮浓度，减少尿氮排出量，提高可消化氮的利用率，从而提高反刍动物对蛋白质饲料的利用率。

（五）利用非蛋白氮饲料添加剂

瘤胃中的微生物能利用尿素等非蛋白氮合成菌体蛋白，运输

到肠道为牛羊所用。每 1 kg 尿素的营养价值相当于 5 kg 大豆饼或 7 kg 亚麻籽饼的蛋白质营养价值。选用合适的非蛋白氮材料（如包衣尿素、缩二脲等），采用合理的方式进行利用，不仅可以提高非蛋白氮饲料的适口性和饲用安全性，还可明显提高牛、羊的生产性能，尤其在低蛋白日粮水平下效果更为明显，肉牛、肉羊增重可提高 10%～20%。同时，可以利用各种脲酶抑制剂，提高非蛋白氮饲料的利用率。但绿色畜产品的生产，应严格按照绿色食品生产规范和要求进行。

第三节　绿色养殖业饲料添加剂和药物使用技术

一、绿色饲料添加剂的品种及其应用

（一）饲用酶制剂

1. 饲用酶制剂的作用

饲料中（尤其是植物性饲料中）含有许多抗营养因子，如植酸、单宁、抗胰蛋白因子、非淀粉多糖等。饲料中添加酶制剂的作用在于消除相应的抗营养因子，补充动物内源酶。同时，饲用酶制剂还能全面促进日粮养分的分解和吸收，提高畜禽的生长速度、饲料转化率和增进畜禽健康，减少环境污染。应用酶制剂可大大减少畜禽排泄物中的氮、磷含量，从而大幅度减少对土壤的污染。

2. 饲用酶制剂的种类

饲用酶主要有植酸酶、淀粉酶、脂肪酶、纤维素酶和葡聚糖酶等；而商品性酶制剂大多是复合酶制剂，如华芬酶、益多酶等。植酸酶是一种能把正磷酸根基团从植酸盐中裂解出来的水解

酶。研究表明，饲料中添加植酸酶不仅可减少日粮中无机磷的添加量，还可减少25%~59%磷的排泄量。

3. 酶制剂的应用

据报道，植酸酶在蛋鸡中应用时，具有分解蛋鸡植物性饲料中的植酸盐、减少无机磷的用量、提高饲料转化率的作用，它可提高蛋鸡的产蛋率、产蛋量和经济效益。

复合酶制剂主要由蛋白酶、淀粉酶、糖化酶、纤维素酶、葡聚糖酶等组成。在饲料中使用后能在畜禽消化道内将饲料中不易消化吸收的蛋白质、淀粉、纤维素水解为胨、肽和游离氨基酸以及葡萄糖、麦芽糖和小分子糊精，从而提高饲料转化率，降低饲料成本，促进畜禽生长发育。在蛋鸡中使用复合酶可提高产蛋率2.23%，提高饲料转化率11%，蛋重增加0.89 g/个。在35~80 kg阶段生长的猪的玉米31%、麦31%、豆粕16%日粮中加益多酶838A后，可提高饲料效率5%，日增重3%。

（二）饲用酸化剂

1. 饲用酸化剂的作用

它能降低饲料在消化道中的pH值，从而为动物提供最适宜的消化道环境，以满足动物对营养及防病的需要，尤其是对早期断奶的乳仔猪具有实用价值。据国外报道，在乳仔猪饲料中添加6%的复合酸化剂可以完全代替抗生素。这是因为早期断奶仔猪的消化系统发育尚未完善，消化酶和胃酸不足，常使胃肠pH值高于酶活性和有益菌群适宜生长的环境，因此必须依赖外源酸化剂来改善消化道中的酸碱度环境。

2. 饲用酸化剂的种类

主要有柠檬酸、延胡索酸、乳酸、苹果酸、戊酸、山梨酸、甲酸（蚁酸）、乙酸等。不同的酸化剂各有其特点，但使用最广

泛且效果较好的是柠檬酸、延胡索酸和复合酸制剂。延胡索酸具有广谱杀菌和抑菌作用。如在饲料中加入0.2%~0.4%浓度的延胡索酸，可杀死葡萄球菌和链球菌；0.4%可杀死人肠杆菌；2%以上浓度对产毒真菌具有杀灭和抑制作用。复合酸化剂是利用几种有机酸和无机酸混合而成，它能迅速降低pH值，保证良好的缓冲值、生物性能及最佳成本。

3. 饲用酸化剂的应用

从肠道微生物区系观察，添加柠檬酸的仔猪比不添加者肠道中的大肠杆菌减少6.9%~10%，乳酸菌、酵母菌分别增加5%和3%。在仔猪日粮中添加1%~2%柠檬酸可增加仔猪采食量，并使蛋白消化率提高2%~6%，氮利用率提高2%。低剂量的复合酸(柠檬酸+延胡索酸+甲酸钙+乳酸)能改善饲料的适口性，增加仔猪采食量，促进仔猪生长。

(三) 饲用防霉剂

1. 防霉剂的作用

饲料在运输、贮存以及加工过程的各个环节都可能引起霉变。霉菌毒素会导致动物生长不良，严重危害动物机体健康，使动物生产性能下降，甚至死亡。为了避免霉菌在饲料中的繁衍，抑制霉菌的代谢和生长，在饲料的生产中采用防霉剂。

2. 防霉剂的种类

主要有丙酸和丙酸盐类、富马酸及其酯类、苯甲酸和苯甲酸钠、山梨酸及其盐类、柠檬酸和柠檬酸钠、双乙酸钠等。其中丙酸盐类是常用的防霉剂，尤其以丙酸钙为主。丙酸钙为白色结晶体颗粒或粉末，防霉能力为丙酸的40%，它是由丙酸与碳酸氢钙反应制得，饲料中添加量为0.2%~0.3%。丙酸钙能避免丙酸的腐蚀性、刺激性及对加工设备和操作人员的伤害。

3. 防霉剂的应用

在南方桂林7—9月期间，在饲料中加入不同类型的防霉剂，其中有丙酸钙、丙酸类气化型防霉剂和复合型防霉剂（其组成有乙酸、丙酸、山梨酸、延胡索酸），添加量都为1.5 kg/t。其对比试验结果为：在同等条件下保存40 d时观察，单一防霉剂所保存饲料的口袋边缘已严重霉变；而用复合型防霉剂所保存的饲料一直保存到80 d时检查仍完好无霉变。此结果说明，在高温、高湿条件下，用复合型防霉剂保存饲料比用单一防霉剂保存饲料的防霉、抑菌效果好。

(四) 微生物制剂

微生物制剂也称益生素、促生素、生菌剂、活菌剂，是一种可通过改善肠道菌系平衡而对动物施加有益影响的活微生物饲料添加剂。业内人士认为，微生物制剂将是未来很好的饲用抗生素的替代品。

1. 微生物制剂的作用

微生物制剂通过调整动物微生态区系，使其达到平衡，从而维持动物健康，促进生长。其具体作用有以下几点。

(1) 微生物制剂中的有益微生物在体内能阻挠病原微生物的生长繁殖，从而对病原微生物起到生物拮抗作用。

(2) 动物微生物制剂中的有益微生物具有免疫调节因子，它能刺激肠道的免疫反应，提高机体的抗体水平和巨噬细胞的活性，从而增强机体的免疫功能。

(3) 预防疾病，提高饲料转化效率，改善畜禽产品的商品质量等。

2. 微生物制剂的种类

主要有益生素、益生元（化学益生素）、合生元三大类，其

中常用的是合生元。合生元是益生素和益生元的复合物，它具有益生素和益生元两方面的功能。对比试验证明，在幼龄动物中应用益生元时，两周后才能表现出明显的效果，而使用合生元能取得比益生素和益生元更快速、稳定的效果。

3. 微生物制剂的应用

在35日龄断奶仔猪饲粮中添加0.15%活菌制剂（含乳酸菌、蜡样芽孢杆菌10亿个/g以上），其效果比在饲料中添加25 mg/L土霉素组提高日增重9.7%，提高饲料利用率9.1%。郎仲武等报道，在28日龄雏鸡饲料中添加冻干活菌制剂，可提高雏鸡成活率4%~8%、饲料利用率8%~11%，日增重2%。将以芽孢杆菌为主的微生物制剂在哺乳仔猪中使用，试验证明可使哺乳仔猪患黄白痢概率下降15%，断奶后一周腹泻率下降5.4%。高峰等报道，在21日龄雏鸡饲料中加入0.05%寡果糖（合生元），可提高雏鸡日增重12%、饲料报酬7%。李焕友报道，在30日龄断奶仔猪饲料中添加600 mg/kg微生物肠道调节剂（内含芽孢杆菌10亿个/g），其生产性能可相同于添加抗生素的对照组，并可用于取代抗生素，预防仔猪腹泻（对照组中复合抗生素含有杆菌肽锌+阿散酸+磺胺二甲嘧啶+大蒜素）。

4. 微生物制剂使用注意事项

由于目前微生物制剂存在着优良菌种的选择和由于菌种失活而导致微生物制剂活性降低等问题。从而在使用微生物制剂的过程中，其实用效果的重复性和不稳定性时有发生。因此，在使用微生物制剂过程中必须注意：a. 微生物制剂的菌种类型、其针对性特点以及有效活菌的数量；b. 考虑饲料中所含有的矿物盐以及不饱和脂肪酸对活菌的抗性强弱；c. 动物的年龄、生理状态，因为通常幼龄动物使用微生物制剂的效果要比成年动物好；

d. 饲养条件和应激反应；e. 微生物制剂一般不应与抗生素同时使用。如使用微生物制剂的动物一旦发病而且有必要服用抗生素时，则务必停止使用微生物制剂，只有待病畜恢复健康且停用抗生素后再恢复使用微生物制剂。

（五）低残留促生长剂

根据饲料安全手册介绍，只有少数抗生素类促生长剂具有既能促生长又无不良反应或具有低残留的特性。

1. 黄霉素

黄霉素是一种畜禽专用抗生素，主要是对革兰氏阳性菌有强大的抗菌作用，对部分革兰氏阴性菌作用较弱，对真菌、病毒无效。黄霉素用作饲料促生长剂，它能提高畜禽的日增重和饲料报酬。由于其是大分子结构，经口服后几乎不被吸收，在 24 h 内全部由粪便排出，而且在高剂量使用后，经屠体检测证明，机体各部位无残留。因此，黄霉素是一种安全无残留的抗菌促生长剂。目前，已广泛在肉鸡、产蛋鸡、肉牛中使用。

2. 杆菌肽锌

杆菌肽锌是由多种氨基酸结合而成，它通过抑制细菌细胞壁合成而产生杀菌作用。它对大多数革兰氏阳性菌，如金黄色葡萄球菌、链球菌、肺炎球菌、产气荚膜杆菌等有强大的抗菌活性。在革兰氏阴性菌中，它仅对脑膜炎双球菌、流感杆菌、螺旋体及放线菌有抗菌作用。近几年来，杆菌肽锌常用作促生长剂，促进畜禽生长，具有高效、低毒、吸收和残留少、成本低的特点，超高剂量在猪、肉鸡饲料中使用后，经残留检测，其结果都低于卫生指标限量（0.02 单位/g），许多国家都已批准使用。杆菌肽锌在美国和欧洲常用于产蛋鸡，在中国也已广泛使用在肉鸡、产蛋鸡、肉猪饲料中。

（六）畜用防臭剂

使用防臭剂是配置生态营养饲料必需的添加剂之一。在饲料和垫草中添加各种除臭剂可减轻畜禽排泄物及其气味的污染，如应用丝兰属植物（生长在沙漠）的提取物、活性炭、沙皂素、以天然沸石为主的偏硅酸盐矿石（海泡石、膨润土、凹凸棒石、蛭石、硅藻石等）、微胶囊化微生物和酶制剂等能吸附、抑制、分解、转化排泄物中的有毒有害成分，将氨转变成硝酸盐，将硫转变成硫酸，从而减轻或消除污染。

（七）草药饲料添加剂

草药饲料添加剂也是目前研究较多、应用广泛的一类绿色饲料添加剂。它具有效果良好、不良反应小、药物残留量低、来源广泛、价格低廉等优点。其主要作用机理如下。

（1）理气消食，健脾开胃，提高食欲，提高营养物质的消化吸收，促进动物的生长发育。

（2）清热解毒，杀菌抗菌，消灭进入体内的病原体，防止疾病的发生。

（3）补气壮阳，养血滋阴，增强机体特异性免疫力和非特异性免疫力，防止各种疾病的发生。

（4）双向调节作用。某些草药（如淫羊藿等）具有双向调节作用。

目前，研究应用较多的草药饲料添加剂有党参、黄芪、当归、黄连、黄芩、金银花、柴胡、板蓝根、陈皮、山楂等及其各种复合制剂（如泻痢停、肥猪散等）。草药饲料添加剂的开发和应用可解决长期困扰畜牧业发展的抗生素残留问题，提高生产率，减少畜牧业对环境的污染。近年来，大蒜素作为一种极具潜力的饲用抗生素替代品，已开发并作为畜禽饲料添加剂应用，具有助消化、抗菌、促生长、提高免疫力的功用。

（八）糖萜素

糖萜素是从油茶饼粕和茶籽饼粕中提取出来的由糖类（30%）、三萜皂苷（30%）和有机酸组成的天然生物活性物质。糖萜素饲料添加剂所含的生物活性物质，能增强机体非特异性免疫反应，起到防御病原微生物感染的作用，从而提高畜禽的健康状况。同时，协同增强特异性免疫效果，加强细胞免疫和体液免疫，提高疫病疫苗免疫效果，延长免疫时间，起到免疫增强剂的作用；提高治疗效果，缩短治疗和康复的时间；减少物质和能量消耗，有利于提高畜禽生产性能。糖萜素饲料添加剂所含的生物活性物质还具有镇静、止痛、解热、镇咳和消炎的作用，能调节体内环境平衡，降低机体对应激的敏感性，同时具有免疫调节作用。此外，糖萜素还可以促进动物生长，提高日增重及饲料转化率。

（九）复合绿色饲料添加剂

复合绿色饲料添加剂是将上述饲料添加剂中的两种或多种按一定比例，经特殊工艺加工而成的具有较强抗病促生长作用的一类绿色饲料添加剂。如由多种酶和多种有益微生物制成的加酶益生素、寡糖益生素等。

由于绿色饲料添加剂具有显著的抗病、促生长作用，而且具有不良反应小、药物残留量低、无耐药性等优点。因此，随着绿色饲料添加剂研究的进一步深入，尤其是新一代广谱、高效复合绿色饲料添加剂的研制，绿色饲料添加剂必将替代抗生素、激素等饲料添加剂而更加广泛地应用于养殖业生产中。因此，开发绿色饲料添加剂具有广阔的发展前景。

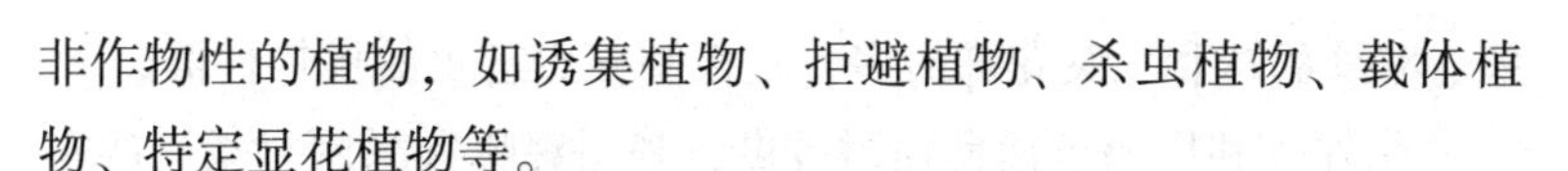

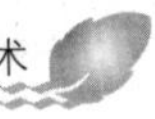

二、动物养殖中药物残留与控制

由于兽药使用不合理、动物饲料中长期添加各种药物添加剂、动物性产品遭受兽药和各种添加剂的污染等原因，动物产品中的药物残留问题日趋突出。针对这些情况，绿色畜产品生产要在严格执行兽医综合性防治措施和生物安全措施的基础上，通过监测和控制兽药、农药、饲料添加剂等有害物质的残留，全面改善饲养管理与环境控制措施，生产出无公害、无污染的绿色安全动物性产品。

针对目前国内外动物及动物性产品中的药物残留问题，应采取如下控制对策。

（1）建立科学、合理的管理和药物残留监控、监测体系。加强动物及其产品安全体系的标准化管理体制建设的同时，还应加强对动物及其产品安全体系的法制化管理。通过立法，赋予管理部门职能和法律地位。建立依法行政、强化监督、职责清晰、运作科学的一体化管理体系。

为控制动物性产品的药物残留，提高中国动物性产品在国内外的竞争力，必须建立一整套药物监控、监测体系，研究药物残留的检测技术与方法，特别是适应中国国情的检测方法，而且同国际先进水平接轨。

（2）引导养殖者以及药物、添加剂等的生产者，按药物的消除规律，规范用药，严禁使用违禁药品，谨慎使用抗生素等兽药及药物添加剂。用于养殖业中的对人体影响较大的兽药及药物添加剂主要有抗生素类（青霉素类、四环素类、大环内酯类、氯霉素类等）、合成抗生素类（呋喃唑铜、喹乙醇、恩诺沙星等）、激素类（已烯雌酚、雌二醇、丙酸睾酮等）、肾上腺皮质激素、

β-兴奋剂、安定类、杀虫剂类等。这些药品残留于动物体内，不但成为人类健康的隐患，也成为动物性食品绿色认证、出口创汇的主要障碍。中国绿色食品发展中心制定的《绿色食品 兽药使用准则》明确规定了绿色动物性食品允许使用的兽药种类、剂型、使用对象、停药期及禁止使用的兽药种类。应严格按照《饲料和饲料添加剂管理条例》及有关绿色食品生产的准则和要求，规范用药并控制抗生素等药物的使用范围和对象，严禁使用激素类、镇静剂类和 β-兴奋剂类药物，发展绿色、环保、生态型畜牧业，确保人民身体健康和环境质量。

绿色食品水产品养殖疾病防治用药，应严格按照生产绿色食品的水产养殖用药使用准则，禁止使用对人体和环境有害的化学物质、激素、抗生素，如孔雀石绿、砷制剂、汞制剂、有机磷杀虫剂、有机氯杀虫剂、氯霉素、青霉素、四环素等。提倡使用草药及其制剂、矿物源渔药、动物源药物及其提取物、疫苗及活体微生物制剂。

（3）大力开发无公害、无污染、无残留的非抗生素类药物及其添加剂。非抗生素类药目前有很多种，例如微生物制剂、草药和无公害的化学药物，都可达到治疗、防病的目的。尤其以草药添加剂和微生物制剂为主的生产前景最好。草药制剂是在动物本身的免疫功能上起作用，只有提高了自身免疫功能，才能提高机体对外界致病菌的抵抗力。这样的药物有微生态制剂，如腐殖酸、螺旋藻及草药方剂等，都能有效替代各种抗菌类药物。

（4）加强消毒管理，减少内、外环境中的病原数量，消灭环境和中介环境中疫病的传染源。

（5）制定科学的免疫程序，树立“防重于治”的思想，控

制禽畜、水产养殖动物疫病的发生，从而有效地减少各种药物的使用。

总之，只有采取适合中国国情的控制方法，严格遵照《绿色食品兽药使用准则》，禁止使用滞留性强且有毒的药物，对限制使用的药物，严格执行科学规定的畜禽出栏前的休药期，特别注意防止抗生素、激素类药物和合成类驱虫剂的滥用，才能从根本上解决药物的残留及对人体的危害。

第四节　绿色食品养殖技术要点

一、绿色畜禽产品生产技术要点

中国现在的养殖模式中，最显著的特点是面广、量大、分散的专业户占据较大的比重。由于养殖业范围广、环节多、控制产品质量的难度较大，因此要生产“高质量、安全、无公害”的绿色畜产品主要应从以下几个方面着手。

（一）选择好畜禽养殖场地

要远离各类工厂、企业和人员流动频繁的地方，选择交通发达、与居民区有隔离带且处上风口的地方建造养殖场。要通过检测，确保养殖场所处位置大气质量、畜禽饮用水质、土壤都不含有毒、有害物质，且不会受到来自其他方面污染源的侵害，从而为畜禽生长提供较好的发展环境。养殖场建设应按动物防疫等有关规定的要求进行，场内生产区和生活区分开，畜禽饮水、消毒等配套设施符合标准。同时加强圈舍温度、湿度调控设施的改善。

（二）购进符合绿色要求的优良幼畜、雏禽

农村广大养殖户在购进幼畜、雏禽时，不但要考察幼畜、雏

禽的品种特性和品种质量，还要对畜禽场的技术条件、生产环境以及疫病流行等方面的情况作深入细致的考察，不可到近期发生过疫病的畜禽场引种，特别要注重考察其是否具有畜牧主管部门颁发的《种畜禽生产经营许可证》，是否被主管部门认定为绿色产品生产基地。此外，引种前要向当地畜禽防检部门报检，从而保证能购进无潜在带病毒和有害物质，并且生长发育好的畜禽。

（三）慎重购进畜禽饲料

畜禽生长所需要的浓缩料、全价料以及蛋白料，要从具有良好信誉的饲料生产厂家购进，要通过权威部门的绿色安全检测，确保无激素和其他有毒、有害物质，确保畜禽生长期不受其侵害。各类谷物类原料如玉米、大豆、豆粕等，要从具有良好种植习惯、用药残留小的绿色农产品生产基地购进。

（四）合理使用药物

要严格按照国家规定的药物使用范围和剂量标准使用抗生素、添加剂和其他兽药，不能超量使用抗生素。要根据畜禽生长发育各阶段的要求，严格执行停药期规定，确保畜禽体内的药物残留能及时得到降解，不对人类健康和安全造成危害。当畜禽发病用药治疗时，养殖户应按规定合理用药。具体要做好 4 点：a. 决不使用农业农村部明令禁止的药物，如氯霉素、呋喃类等药物；b. 尽量少用化学合成药物，推广应用草药制剂；c. 应用化学合成药物时，应根据药物的半衰期间隔用药，以减少药物的残留和浪费；d. 遵守畜禽休药期的有关规定，养殖户应按照畜禽的出栏、屠宰时间，在休药期应停止用药，以保证生产的畜禽产品达到无公害、绿色畜产品的标准。

控制药物残留的措施：a. 建立科学、合理的管理和药物残留监控、监测体系；b. 引导养殖者以及药物、添加剂的生产者，

按药物的消除规律，规范用药，严禁使用禁用药品，谨慎使用抗生素等兽药及药物添加剂；c. 大力开发无公害、无污染、无残留的非抗生素类药物及其添加剂；d. 加强消毒管理，减少内外环境中的病原数量，消灭传染源；e. 制定科学的免疫程序，树立"防重于治"的思想。

(五) 做好科学的饲养管理

要根据不同时期不同的阶段，提供适合畜禽生产发育所需的温度、湿度、采光、通风以及空气质量，保证最佳的生长发育环境。要按照疫病免疫程序和操作规程，按时对各主要畜禽进行疫病预防注射，及时测定抗体效价，加强免疫，确保无重大疫情的发生，要加强对畜禽的日常管理，减少畜禽疫病的发生率，减少抗生素等各类药物的使用数量。完善的疫病防控措施是成功饲养畜禽的基本保障。畜禽的抗病能力较弱，畜禽一旦发病就很难控制，即会带来严重损失。所以必须采取预防为主的方针，科学制订完善的疫病防控措施，在消毒、隔离、免疫、用药、环境控制等多方面采取综合防控措施，以减少疫病的发生概率。

(六) 转变畜禽疫病治疗观念

要树立"预防为主，防重于治"的观念。畜禽疫病治疗要注意选用高效价、低残留的抗生素，严格控制使用时间和剂量，特别要注意配合应用寡聚糖、益生素、糖萜素、草药饲料添加剂等新型安全的疾病综合防治药物和添加剂，采用全方位的疾病防治措施，取代以抗生素治疗为主的疫病治疗方式。做好畜禽防疫工作是保障养殖业发展的关键，养殖户要加强科学饲养管理、定期消毒、严格防疫工作责任制。要根据当地疫情发生和流行的趋势，制定科学合理的免疫程序，建立健全防疫制度并有效执行；坚持进行疫情监测、分析和预报；有计划地进行疫病的净化、控制和消灭工作；并严格按照防疫技术规程操作，控制动物疫情的发生，确保畜禽的健康。

（七）发展生态畜牧业，实现畜牧业生产良性循环

畜禽粪便中含有大量氮、磷、有机悬浮物及致病菌，如果不妥善处理和利用，会对水质、空气、土壤造成严重的污染，甚至会引起疫病的蔓延和传播，给畜牧生产和人类健康带来威胁。要做好畜禽排泄物的高温发酵和其他无害化处理，避免其对环境的污染，有条件的养殖户，要利用畜禽粪便有机肥做好优质牧草的种植，以草促牧，减少畜禽排泄物对环境的危害。总之，生态畜牧业及其可持续发展，必须遵循生态学原理和规律，根据不同的生态区域和畜禽的生物学特性，因时、因地、因势制宜，在畜牧业的实践中不断总结创新，推广新经验，采用新模式，保护农业生态环境，重视农业生态效益，这样才能实现自然资源的永续利用，实现畜牧业生产的良性循环。

二、绿色水产品生产技术要点

绿色水产品的生产技术应涵盖整个水产品生产的全过程，包括水产品的产前、产中和产后的一系列环节，是一个有机联系的整体。产前主要搞好苗种的引种检疫，从源头上控制病害的发生。产中则要做好渔用饲料、渔药的检测，防止有毒、有害的饲料及致畸、致癌并对环境造成影响的渔药用于养殖生产，并减少病害的发生；要规定渔药的停药期，禁止使用政府明令禁用的药物（如五氯酚钠）及滥用抗生素等，大力推广中草药、生物制剂。产后则要做好水产品质量检测和药物残留分析，防止有问题的水产品流入市场。总之，要保证养殖生产的各个环节符合绿色食品生产的要求。

（一）绿色食品水产品生产技术规范

绿色食品水产品生产技术规范包括渔药、饲料、农药、肥料的使用，加工过程质量控制及包装技术等。在绿色食品水产品生产过程中，渔药、饲料、农药、饲料使用是水产品质量控制的关键环节之一，不合理使用渔药、饲料、农药、肥料不仅造成环境污染，而且使水产品中药物残留量超标。

1. 渔药使用准则

绿色水生动物养殖过程中对病、虫、敌等有害生物的防治，坚持“全面预防，积极治疗”的方针，强调“防重于治，防治结合”的原则，提倡生态综合防治和使用生物制剂、中草药对病虫害进行防治。推广健康养殖技术，改善养殖水体生态环境，科学合理混养和密养，使用高效、低毒、低残留渔药。渔药的使用必须严格按照农业农村部有关规定，严禁使用未取得生产许可证、批准文号、产品执行标准的渔药。禁止使用硝酸亚汞、孔雀石绿、五氯酚钠和氯霉素。外用泼洒药及内服药具体用法及用量应符合《绿色食品　渔药使用准则》的规定。

2. 饲料使用准则

饲料中使用的促生长剂、维生素、氨基酸、脱壳素、矿物质、抗氧化剂、防腐剂等添加剂种类及用量应符合国家有关法规和标准规定。饲料中不得添加国家禁止的药物（如己烯雌酚、喹乙醇）作为防治疾病或促进生长的目的。不得在饲料中添加未经农业农村部批准的用于饲料添加剂的兽药。渔业饲料及饲料添加剂的具体用法及用量应符合《绿色食品　渔业饲料及饲料添加剂使用准则》的规定。

3. 农药使用准则

稻田养殖绿色水产品过程中对病、虫、草、鼠等有害生物的防治，坚持预防为主、综合防治的原则，严格控制使用化学农药。应选用高效、低毒、低残留农药，禁止使用除草剂及高毒、高残留、“三致”（致畸、致癌和致突变）农药。稻田养殖使用农药前应提高稻田水位，采取分片、隔日喷雾的施药方法，尽量减少药液（粉）落入水中，如出现养殖对象中毒征兆，应及时换水抢救。

4. 肥料使用准则

养殖水体施用肥料是补充水体无机营养盐类、提高水体生产力的重要手段。施肥主要用于池塘养殖，针对的养殖对象主要为鲢、鳙、鲤、鲫、罗非鱼等。肥料的种类包括有机肥和无机肥。允许使用的有机肥料有堆肥、沤肥、厩肥、绿肥、沼肥、发酵肥等。允许使用的无机肥料有尿素、硫酸铵、碳酸氢铵、氯化铵、重过磷酸钙、过磷酸钙、磷酸氢二铵、磷酸二氢铵、石灰、碳酸钙和一些复合无机肥料。

5. 养殖水体水质的要求

绿色水产品对于养殖用水处理提出了更高要求。水污染对于水生生态系统中的各种生物类群有直接和间接的影响，使水体的初级生产力降低，并通过食物链危害不同营养级的各种生物。目前，对养殖水体的净化被认为是绿色食品水产品生产的关键，主要有换水、充气、离子交换、吸附、过滤等机械方法和络合、氧化还原、离子交换等化学方法以及人为地在一种水体中培育有益生物（微生物、藻类）和水生植物的生物方法来净化水质。

6. 加工过程质量控制准则

绿色食品水产品加工原料应来自绿色食品水产品生产基地，品质新鲜，各项理化指标、卫生指标应符合相应绿色食品水产品的品质要求；原料在运输过程中应采取保鲜、保活措施；运输工

具、存放容器、贮藏场地必须清洁卫生。绿色食品水产品加工工厂、冷库、仓库的环境卫生，以及加工流程卫生、包装卫生、贮运安全卫生和卫生检验管理等应符合国家的有关规定和《绿色食品　产地环境技术条件》《绿色食品　贮藏运输准则》等绿色食品相关标准。

（二）放养健康苗种，保持合理放养密度

1. 放早苗养健康苗种

为了延长养殖时间，目前许多地方采用放养早苗来延长养殖时间。放养早苗也有利于避开发病时期，达到增产增效的目的。由于放养时间提早，还可以改善水质。

2. 合理放养密度

合理放养密度就是要符合养殖水体所能承受的生产能力，维护养殖池的生态平衡。各养殖区应根据自然环境条件、水体交换条件、养殖品种、苗种规格、养殖方式等不同情况，分别对待，以达到最佳经济效益。

（三）科学投喂优质饵料

1. 选择优质饵料

优质饵料是水生动物健康和生长发育的关键。病从口入，预防疾病发生，饵料是重要一环。投喂鲜活饵料，冰冻饵料不得有变质，禁止使用带有病原体的饵料。选用配合饵料要选择优质的饵料源，禁止使用发霉变质饵料。在配合饵料或投喂配合饵料时可以添加维生素 C 或一些水生动物营养元素，以提高水生动物的免疫力和生产力。

2. 合理、科学的投饵方法

投喂饵料应做到合理、科学，即做到定质、定量、定时、定位。保证饵料质量，适量投喂，做到少喂多餐，食物投喂到鱼、

虾经常活动的位置，最好将饵料投放在食台上。

（四）加强养殖管理，提高养殖者的技术水平

“三分苗种，七分养”，养殖管理是提高经济效益、防止污染与疾病发生的关键所在。日常管理要做到“三勤”：勤巡塘、勤检查和勤除害。同时要做好日常的进排水、饵料投喂等工作。对于疾病要及时监测，发现病情要及时使用适当药物治疗，对疫病中心区进行隔离以切断病害的蔓延，尽量减少损失。在养殖中适当使用消毒剂等药物，改善养殖环境，预防疾病的发生。另外，要有组织、有计划地对养殖队伍进行培训，提高养殖者的技术水平，使绿色水产养殖健康、高效发展。

（五）绿色食品水产品捕捞和保鲜技术

绿色食品水产品的捕捞，尽可能采用网捕、钩钓、人工采集，禁止使用电捕、药捕等破坏资源、污染水体、影响水产品品质的捕捞方式和方法。绿色食品水产品要尽量保鲜、保活，在运输过程中，禁止使用对人体有害的化学防腐剂和保鲜保活剂，确保绿色食品水产品不受污染。

（六）特种水产品养殖的其他注意事项

在特种水产品的养殖过程中，除按上述要求进行养殖外，还应注意以下问题。

1. 要注意市场预测

特种水产品养殖成本较高，产品销售价格较贵，因此在发展某种特种水产品时，要认真分析市场的需要和容纳量，预测发展趋势，合理控制规模。

2. 要注意饲养技术上的成熟性

特种水产品的生物学特性与一般养殖鱼类的差异往往较大，因此其养殖技术也不能简单地沿用普通鱼类的养殖技术，特别是

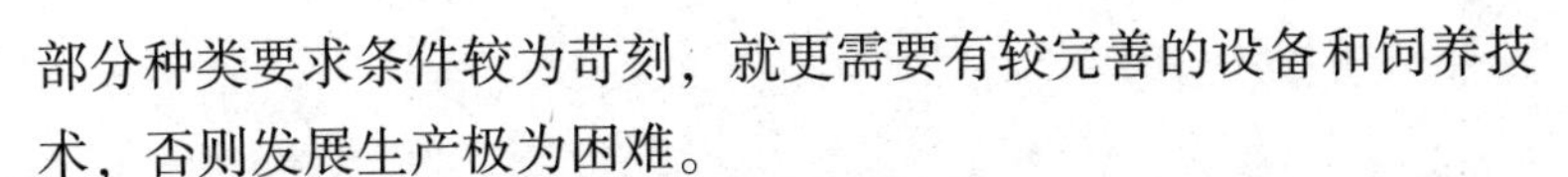

部分种类要求条件较为苛刻，就更需要有较完善的设备和饲养技术，否则发展生产极为困难。

3. 要注意饲料供应的品种和数量

在特种水产品的养殖中，饲料供应问题相当关键，也是降低养殖成本、提高经济效益必须要重视的问题。许多特种水产品养殖时需要动物性饵料，如鳜鱼、乌鱼、虹鳟鱼等，有的甚至需要鲜活的动物性饵料，如牛蛙，养殖这些品种必须考虑动物性饵料来源和供应量，同时还必须考虑饲料成本。

4. 要注意苗种来源

特种水产品养殖一般苗种成本较高，因此要尽可能选择能自繁的养殖品种，或附近天然水域中能稳定地获得苗源的品种。

第五章　绿色食品加工技术

第一节　绿色食品加工厂厂址选择

绿色食品加工厂的厂址选择，与当地建设布局、资源、交通运输、农业发展和地区的长远规划都有密切关系。绿色食品加工厂的厂址选择是否得当，将直接影响工农关系、城乡关系，有时甚至还影响投资费用及建成投产后的生产条件和经济效果。同时，绿色食品加工厂的厂址选择与产品质量、卫生条件、劳动环境等都有密切的关系。

绿色食品加工厂厂址选择工作应当经过当地主管部门、建筑部门、城市规划部门和区乡（镇）等有关单位充分讨论和比较，择优选择，特别是规模较大的工厂，设计单位也应参加。

一、绿色食品加工厂厂址选择的原则

绿色食品加工厂厂址选择时，应根据国家方针政策、生产条件、经济效果等方面综合考虑。

（一）符合国家的方针政策

绿色食品工厂的厂址应设在当地的规划区内，以适应当地远近期规划的统一布局，并尽量不占或少占良田，做到节约用地。所需土地可按基建要求分期分批征用。

（二）重点考虑生产与卫生条件

根据我国具体情况，绿色食品加工厂一般选在原料产地附近的大中城市郊区，为有利于销售个别产品亦可设在市区。这样不仅可获得足够数量和质量新鲜的原料，而且便于辅助材料和包装材料的获得、产品的销售，还可以减少运输费用。

厂区的标高应高于当地历史最高洪水位，特别是主厂房及仓库的标高更应高出当地历史最高洪水位。厂区有合适的自然排水坡度。所选厂址要有可靠的地质条件，应避免将工厂设在流沙、淤泥、土崩断裂层上，对特殊地质（如溶洞、湿陷性黄土、孔性土等）应尽量避免。在山坡上建厂要避免滑坡、塌方等。在矿藏地表处不应建厂。建筑冷库的地方，地下水位不能过高。厂址应有一定的地质耐力。

所选厂址附近应有良好的卫生环境，没有有害气体、放射性源、粉尘和其他扩散性的污染源（包括污水、传染病医院等），特别是在上风向地区的工矿企业，更要注意它们对食品厂生产有无危害。厂址不应选在受污染河流的下游，应尽量避免在古坟、文物、风景区和机场附近建厂，避免高压线、国际专用线穿越厂区。所选厂址面积的大小，应能尽量满足生产要求，留有发展余地和适当的空余场地。

（三）从投资和经济效果考虑

所选绿色食品加工厂厂址要有较方便的运输条件（公路、铁路及水路）。若需要新建公路或专用铁路时，应选最短距离，减少投资。要有一定的供电条件，以满足生产需要，在供电距离和容量上应得到供电部门的保证。所选厂址水源充足，水质较好，符合绿色食品饮用水水质标准。若采用江、河、湖水，则需处理。水源水质是绿色食品加工厂选择厂址的重要条件，特别是饮料厂和酿造厂，对水质要求更高。

二、绿色食品加工厂厂址选择报告

在选择绿色食品加工厂厂址时，应尽量多选几个点，根据上述方面进行分析比较，从中选出最适宜者作为定点，而后向上级部门呈报厂址选择报告。绿色食品加工厂厂址选择报告的基本内容包括：a. 厂址的坐落地点，四周环境情况；b. 地质及有关自然环境条件；c. 厂区范围、征地面积、发展计划、施工时有关的土方工程及拆迁情况，并绘制 1/1 000 的地形图；d. 原料供应情况；e. 电、燃料、交通运输及职工福利设施的供应和处理方式；f. 废水排放情况；g. 经济分析，对厂区一次性投资估算及生产中经济成本等综合分析；h. 选择意见，通过选择比较和经济分析，最终确定哪一个厂址是符合条件的。

第二节　绿色食品加工厂总体设计

一、绿色食品加工厂总体设计的内容

绿色食品加工厂总体设计时，根据全厂建筑物、构筑物的组成和使用功能、用地条件和有关技术要求。综合研究它们之间的相互关系，正确处理建筑物布置、交通运输、管线综合和绿化方面的问题。充分利用地形，节约用地，使建筑群的组成内容和各项设施成为统一的有机体，并与周围的环境相协调。这样既便于组织生产，又便于企业管理，保证产品的质量和品质。如果没有一个完善的总体设计，就会使厂区的总体布置分散、混乱、不合理，既影响生产和生活的合理组织，又影响建设的经济效果和速

度，还破坏建筑群体的统一与完整，生产时也影响绿色食品的生产过程和质量。所以厂址选定之后，必须合理、经济地进行厂区总体设计。

绿色食品加工厂总体设计内容包括平面布置设计和竖向布置设计两部分。

（一）平面布置设计

平面布置设计就是合理地布置建筑物、构筑物及其他工程设施水平方向相互间的位置关系。平面布置中的工程设施包括下述几个方面。

1. 运输设计

运输设计即合理进行用地范围内交通运输线路的布置，使人流和物流分开，避免交叉污染。

2. 管线综合设计

工程管线网（即厂内外的给排水管道、电线、电话线、蒸汽管道等）的设计必须布置得合理整齐。

3. 绿化和环保布置设计

环境保护是关系到国计民生和绿色食品质量的大事，所以在绿色食品加工厂总体设计时，在布局上要充分考虑环境的问题。绿化布置对绿色食品厂来说，可以起到美化厂区、净化空气、调节气温、阻挡风沙、降低噪声、保护环境等作用，从而改善工人的劳动卫生条件，保证食品品质，对绿色食品生产十分重要。但绿化面积过大就会增加投资，所以绿化面积应该适当。另外，绿色食品加工厂的四周，特别是在靠马路的两侧，应尽量有一定的树木组成防护林带，以阻挡风沙、净化空气、降低噪声。绿化设计时，种植树木花草要严格选择，不栽产生花絮、散发种子和特殊异味的树木花草，以免影响产品质量，一般选用常绿树。

（二）竖向布置设计

竖向布置设计就是与平面设计垂直方向的设计，即厂区各部分地形标高的设计。其任务是把地形组成一定形态，既平坦又便于排水。竖向布置设计虽是总体设计的组成部分，但在地形比较平坦的情况下，一般都不进行竖向设计。如要进行竖向设计，就要结合具体地形合理进行综合考虑，在不影响各车间联系的原则下，应尽量保持自然地形，既保持良好的环境，又使土方工程量达到最小限度，从而节省投资。

因此，绿色食品加工厂总体设计就是从生产工艺和产品品质出发，研究建筑物、构筑物道路、堆场、各种管线、绿化等方面的相互关系，在图纸上标示出来。这样的设计就是工厂总体设计。工厂总体设计是一项综合性很强的工作，需要工艺设计、交通运输设计、公共工程（即水、电、汽等）设计、绿色食品管理等部门的密切配合，才能正确完成设计任务。

二、绿色食品加工厂总体设计的原则

各种绿色食品加工厂的总体设计，不管原料种类、产品性质、规模以及建设条件的不同，都是按照设计的基本原则结合实际情况进行设计的。绿色食品加工厂总体设计的基本原则有下列几点。

（1）绿色食品加工厂总体设计布置必须紧凑合理，做到节约用地。分期建设的工程应依次布置，分期建设，还必须为远期发展留有余地。

（2）总体设计必须符合绿色食品加工厂生产工艺的要求。主车间、仓库等应按生产流程布置，尽量缩短距离，避免物料往返运输。全厂的物流、人流、原料、管道等的运输应有各自路

线，避免交叉，合理组织安排。动力设施应接近负荷中心。例如，变电所应靠近高压线网输入的地方，靠近耗电量大的车间，如制冷机房应接近变电所，紧靠冷库；绿色罐头食品加工厂的肉类车间的解冻间应接近冷库；杀菌工段、番茄酱车间等蒸汽用量大的工段应靠近锅炉房。

（3）绿色食品加工厂总体设计必须满足绿色卫生质量要求。

①生产区（各种车间和仓库等）和生活区（宿舍、托儿所、食堂、浴室、商店、学校等）、厂前区（传达室、医务室、化验室、办公室、俱乐部、汽车房等）和生产区分开。为使绿色食品加工厂的主车间有较好的卫生条件，厂区内尽量不建饲养场和屠宰场。如需建，应远离主车间。

②生产车间应注意朝向，一般采用南北向，保证阳光充足，通风良好。

③生产车间与周边公路有一定的防护区，一般为30~50 m，中间最好有绿化地带阻挡，防止其污染食品。

④根据生产性质不同，动力供应、货运周转、卫生防火等应分区布置，同时，主车间应与对食品卫生有影响的综合车间、废品仓库、煤堆及有大量烟尘或有害气体排出的车间间隔一定距离。主车间应设在锅炉房的上风向。

⑤总平面中要有一定的绿化面积，但又不宜过大。

⑥公用厕所要与主车间、食品原料仓库或堆场及成品库保持一定距离，并采用水冲式厕所，以保持厕所的清洁卫生。

（4）厂区道路应采用水泥或沥青路面，保持清洁。运输货物道路应与车间间隔，特别是运煤和煤渣，容易产生污染。道路一般为环形道路，以免在倒车时造成堵塞现象。

（5）厂区建筑物间距应按有关规范设计。从防火、卫生、防震、防尘、噪声、日照、交通等方面来考虑，在符合有关绿色食品设计标准的前提下，使建筑物间的距离最小。考虑建筑间距与日照的关系以及建筑间距与通风的关系。

(6) 厂区各建筑物布置设计也应符合规划要求，同时合理利用地质、地形和水文等的自然条件。合理确定建筑物、道路的标高，既保证不受洪水的影响，使排水畅通，又节约土方工程。在坡地、山地建设绿色食品加工厂，可采用不同标高安排道路及建筑物，即进行合理的竖向布置；但必须注意防洪设计。

(7) 注意车间之间的相互关系。相互有影响的车间，尽量不要放在同一建筑物里，但相似车间应尽量放在一起，以提高场地的利用率。

三、不同使用功能的建筑物和构筑物在总体设计中的关系

(一) 绿色食品加工厂建筑物和构筑物的类型

根据功能划分，绿色食品加工厂的主要建筑物和构筑物可分为下述几类。

1. 生产车间

生产车间如实罐车间、空罐车间、糖果车间、饼干车间、面包车间、奶粉车间、炼乳车间、消毒奶车间、麦乳精车间、综合利用车间等。

2. 辅助车间

辅助车间如机修车间、中心实验室、化验室等。

3. 仓库

仓库如原料库、冷库、包装材料库、保温库、成品库、危险品库、五金库、各种堆场、废品库、车库等。

4. 动力设施

动力设施如发电间、变电所、锅炉房、冷机房、空气压缩

机、真空泵房等。

5. 供水设施

供水设施如水泵房、水处理设施、水井、水塔、水池等。

6. 排水系统

排水系统如废水处理设施。

7. 全厂性设施

全厂性设施如办公室、食堂、医务室、浴室、厕所、传达室、汽车房、自行车棚、围墙、厂大门、工人俱乐部、图书馆、工人宿舍等。

（二）绿色食品加工厂建筑物和构筑物在总体设计中的相互关系

绿色食品加工厂由上述功能的建筑物和构筑物所组成，而它们在总体设计上的布局又必须根据食品加工厂的生产工艺和上述原则来设计。绿色食品加工厂生产区不同使用功能的建筑物、构筑物在总体设计中的关系如图 5-1 所示。

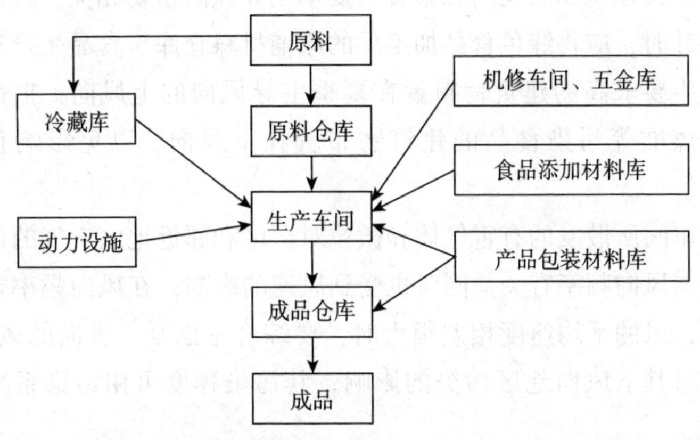

图 5-1　不同使用功能的建筑物和构筑物在总平面布置中的关系示意图

由图 5-1 可知，绿色食品加工厂总体设计应围绕生产车间进行排布，也就是生产车间（即主车间）应在工厂的中心，其他车间、部门及公共设施均需围绕主车间进行排布；但应考虑地形地貌、周围环境、车间组成及数量等的不同。

四、绿色食品加工厂总体设计与环境设计要求

（一）主导风向

绿色食品加工厂总体设计时首先要考虑一个地方的主导风向，主导风向就是风吹来最多的方向。为了考虑主导风向对建筑总平面布置的影响，将当地气象台（站）观测的风气象资料，绘制成风玫瑰图供设计使用。风玫瑰图有风向玫瑰图和风速玫瑰图两种，一般多用风向玫瑰图。

在每一城市的风玫瑰图中，以粗实线表示全年风向频率情况，虚线表示 6—8 月夏季风风向频率情况，它们都是根据当地多年的全年或夏季的风向频率的平均统计资料制成的。在南方炎热地区，建筑物的朝向和布置与夏季主导风向密切相关，在总平面设计时，应将绿色食品加工厂的原辅材料仓库、食品生产车间等卫生要求高的建筑物布置在夏季主导风向的上风向，把锅炉房、煤堆等污染食品的建筑物布置在下风向，以免影响食品卫生。

车间所散发的有害气体和微粒对厂区和邻近地区空气的污染不但与风向频率有关。同时也受到风速的影响，在风向频率差别不大，风的平均速度相差很大时，要综合考虑某一方向的风向、风速对其下风向地区污染的影响。其污染程度可用污染系数来表示。

用污染系数来考虑绿色食品加工厂总平面布置，就应该将污

染性大的车间或部门布置在污染系数最小的方位上。应该指出，风玫瑰图是一个地区的一般情况，但由于地形、地物不同，它对风气候（大气环流所形成的风）起着直接的影响。在进行绿色食品加工厂总体设计时，应充分注意地区小气候的变化，并在设计中善于利用地形、地热及其产生的局部地方风，因为局部地区性的地形、地面状况对一个局部地区的风向、风速起主要的作用。

（二）总体设计说明

在总体设计说明中，主要包括设计依据、布置特点、主要技术经济指标、概算等方面。主要技术经济指标包括厂区总占地面积、生产区占地面积、建筑物和构筑物面积（包括楼隔层、楼梯，电梯间的电梯井，建筑物的外走廊、檐廊、挑廊，有围护结构或有支撑的楼梯及雨篷）、露天堆场面积、道路长度（指车行道）、道路面积、广场面积、围墙长度、建筑系数、土地利用系数等。

建筑系数=（建筑物和构筑物占地面积+堆场、露天场地、作业场地占地面积）÷厂区占地面积×100

土地利用系数=（建筑物和构筑物占地面积+堆场、露天场地、作业场地占地面积+辅助工程占地面积）÷厂区占地面积×100

辅助工程占地面积包括铁路、道路、管线、散水坡、绿化占地面积。

第三节　绿色食品加工工艺设计与技术要求

一、绿色食品加工的基本原则

绿色食品作为食品的一个特殊类别，对产品质量有着特别要求，即安全、优质、营养、无污染。生产加工方式必须遵循有机生产方式，做到节约能源、持续发展、清洁生产。因此，绿色食品加工必须尽量节约能源，使物质循环利用；保持食物本身营养；在加工中保证食品不受到任何污染；不对环境和人产生任何污染与危害。

(1) 绿色食品加工应遵循可持续发展原则，节约能源，综合利用原料。绿色食品加工本着节约能源和物质再循环利用的原则，注意产品加工的综合利用。以苹果为例，用苹果制果汁，制汁后剩余皮渣采用固态发酵生产乙醇，余渣通过微生物发酵生产柠檬酸，再从剩下的发酵物中提取纤维素，生产粉状苹果纤维食品，作为固态食品中非营养性填充物，剩下的废物经厌气性细菌分解产生沼气。这样既提高了经济效益，又减少了加工中副产品的产生。

(2) 绿色食品加工应能保持食品的天然营养特性。食品天然的色、香、味一般能引起人们的食欲，故绿色食品加工中也应尽量保持。例如，加工果汁时将其香味物质回收并加入果汁中以保持原风味。有实验表明，当食品引起人的食欲时，其对食物消化率可高达90%以上；而人对食物没有食欲，不太想吃时，消化率低于40%。因此，必须采取一系列特殊加工工艺，尽量减少加工中营养物质的流失、氧化、降解，最大限度地保留其营养价值。

(3) 绿色食品加工过程中严格控制可能的污染源。食品加工过程中，原料的污染、不良的卫生状况、有害的洗涤液、使用添加剂、机械设备及材料污染、生产人员操作不当等都可造成产品的污染。因此，对于绿色食品加工的每一环节都必须严格控制，防止食品的二次污染。主要控制下述几方面。

①原料。加工食品的主要原料必须是经过中国绿色食品发展中心认证的或国际有机农业运动联盟（IFOAM）认证的绿色食品(有机食品)，辅料也尽量使用已认证的产品。

②企业。绿色食品加工企业必须经过认证人员考察，地理位置适合，建筑布置合理，具有完善的供排系统，卫生条件良好，管理系统严格，保证生产中免受外界污染。

③设备。绿色食品加工设备选用对人体无害的材料制成，尤其与食品直接接触的部分，必须对人体无害。

④工艺。绿色食品加工工艺合理，避免加工中交叉污染，选用天然添加剂及无害的洗涤液。尽量采用先进技术、工艺、物理加工方法，减少添加剂、洗涤剂污染食品的机会。还可利用生物方法进行保鲜、防腐及改善食品风味，或添加营养强化剂，增加食品营养。

⑤贮运。采用安全的贮藏方法及容器，防止使用对人体有害的贮藏方法及容器，保持食品贮运后的品质。

⑥生产人员。生产人员必须理解绿色食品加工原则，有较强责任心，在操作中避免人为的污染，以保证食品安全。

（4）绿色食品加工中不会对环境造成污染与危害绿色食品加工企业。在生产中必须考虑对环境的影响，避免对环境造成污染。畜禽加工厂要远离居民区，并有“三废”净化处理装置。以水产品加工厂为例，其废水主要含有鱼、虾等固体残渣，废水的化学成分为蛋白质、油脂、酸、碱、盐、糖类等。虽然食品工业废水、废渣一般是无毒的，但因有机物含量高，若排入水体，将消耗水中大量的溶解氧，导致水生生物不能生长，水体变质、发臭，同样给环境造成危害。因此，水产品加工厂的废水在排出之前必须做必要处理。例如，设置格栅去除固体残渣；除油池除去水中油脂，并加以回收等。绿色食品加工企业产生的废水、废气、废液等都必须经过无害化处理，以免污染环境。绿色食品加工也要体现出绿色食品生产的特征。绿色食品加工过程中进行全程质量控制，既对生产产品负责，也对外界环境负责任。

二、绿色食品加工厂工艺设计内容

（一）绿色食品加工厂工艺设计的主要内容

绿色食品加工厂工艺设计是以生产产品的生产车间为主，其余车间和辅助部门均围绕生产车间进行设计。不论是绿色食品加工厂的总体设计还是车间设计，都是由工艺设计和非工艺设计（包括土建、采暖通风、给排水、供电、供气等）组成的。工艺设计的好坏直接影响产品的质量和全厂生产与技术的合理性，并与建厂的费用、产品成本、劳动强度等密切相关。工艺设计又是非工艺设计所需基础资料的依据。

1. 主要设计内容

绿色食品加工厂工艺设计在整个设计中占有重要的地位，必须根据设计任务书上规定的生产规模、产品要求和原料情况，结合建厂条件进行设计。主要包括下列内容：a. 产品方案、产品规格及班产量的确定；b. 主要产品和综合利用产品的工艺流程的确定及操作说明；c. 物料计算；d. 生产车间设备的生产能力的计算、选型及配套；e. 生产车间平面布置；f. 劳动力平衡及劳动组织；g. 生产车间水、电、汽、冷用量的估算；h. 生产车间管路计算及设计。

2. 对非工艺设计等的要求

工艺设计除上述内容外，还必须向非工艺设计和有关方面提出下列要求：a. 工艺流程、车间布置对总平面布置相对位置的

要求；b. 工艺对土建、采光、通风、采暖、卫生设施等方面的要求；c. 生产车间水、电、汽、冷耗用量的计算及负荷要求；d. 对给水水质的要求；e. 对排水性质、流量及废水处理的要求；f. 各类仓库面积的计算及其温度、湿度等的特殊要求。

（二）绿色食品加工厂工艺设计几项主要内容介绍

1. 主要产品生产工艺流程的设计

尽管食品厂的类型很多，比如罐头食品厂、乳制品厂、焙烤食品厂、糖果厂、饮料厂等，在同一类型的食品厂中的主要工艺过程和加工工艺也各不相同，但在同一类型的食品厂中的主要工艺过程和设备基本相近。只要相同类型产品不同时生产，其相同工艺过程的设备是可以公用的。因此，在设计产品工艺流程时，首先确定主要产品的工艺流程。为保证绿色食品的质量，不同品种的原料应选择不同的工艺流程。在确定生产工艺流程时，注意下列要求。

（1）根据产品规格要求和国家绿色食品有关标准拟定生产工艺流程。

（2）根据原料性质拟定生产工艺流程。

（3）结合具体条件，优先采用机械化、连续化作业线。对尚未实现机械化、连续化生产的品种，其工艺流程应尽可能按流水线布置，使成品或半成品在生产过程中停留时间最短，以避免半成品的变色、变味、变质。对需要进行杀菌的食品，为保证其产品质量，最好采用连续杀菌或高温短时杀菌。

（4）非定型产品，一定要技术成熟；对科研成果，必须经过中试放大后，才能应用到设计中来；对新工艺的采用，最好经专家论证确认再应用到设计中来。

2. 设备生产能力的计算及选型

设备选型是保证产品质量的关键和体现生产水平的标准，又是工艺布置的基础，并且为动力配电、水用量和蒸汽用量计算提供依据。设备选型的基础是物料计算，而设备选型要符合工艺的要求。设备选型应根据每个品种单位时间（小时或分）产量的物料平衡情况和设备生产能力来确定所需设备的台数。若有几种产品都需要共同的设备，但在不同时间使用，则应按处理量最大的品种所需要的台数来确定。对生产中的关键设备，除按实际生产能力所需的台数配备外，还应考虑有备用设备。一般后道工序设备的生产能力要略大于前道工序的设备，以防物料积压。

绿色食品加工厂生产设备大体可分4个类型：计量和贮存设备、定型专用设备、通用机械设备和非标准专业设备。绿色食品加工厂设备选型的原则如下。

（1）所选设备满足工艺要求，保证产品的质量和产量。

（2）大型绿色食品加工厂一般应选用较先进的、机械化程度高的设备，中小型绿色食品加工厂尽可能选用较好的机械设备。

（3）所选设备能充分利用原料，能耗少、效率高、体积小、维修方便、劳动强度低，并能一机多用。

（4）所选设备应符合食品卫生要求，易清洗装拆，与食品接触的材料抗腐蚀，不会对食品造成污染。

（5）设备结构合理，材料性能可适应温度、湿度、压力、酸碱度等工作条件要求。

（6）在温度、压力、真空、浓度、时间、速度、流量、液位、计数、程序等方面有合理的控制系统，并尽量采用自动控制方式。

3. 绿色食品加工厂生产车间工艺设计

绿色食品加工厂生产车间的布置是工艺设计的重要部分，不

仅与建成投产后的生产有很大关系，而且影响工厂整体。车间布置一旦施工就不易改变，所以在设计过程中必须全面考虑。工艺设计必须与土建、给排水、供电供汽、通风采暖、制冷、安全卫生等方面统一协调。生产车间平面设计主要是把车间的全部设备（包括工作台）在一定的建筑面积内做出合理安排，也要安排好下水道、门窗及各车间生活设施的位置、进出口及防蝇、防虫设施等。

(1) 绿色食品加工厂生产车间工艺设计与布置的原则。绿色食品加工厂生产车间的工艺设计与建筑设计之间关系比较密切，在进行车间工艺布置时，应遵循下列原则。

①绿色食品加工厂生产车间工艺设计必须满足总体设计的要求，要有全局观点。在满足生产要求时，必须从本车间在总体设计上的位置与其他车间或部门间的关系以及发展前景等方面考虑。

②设备布置要尽量按工艺流水线安排，但有些特殊设备可按相同类型适当集中，务必使生产过程占地少，生产周期最短，操作方便。重型设备最好设在底层。

③应考虑到同一台设备进行多品种生产的可能，并留有适当的余地以便更换设备。还应注意设备相互间的间距和设备与建筑物的安全维修距离，既要操作方便，又要方便维修和装拆且清洁卫生。

④生产车间与其他车间的各工序要相互配合，合理安排生产车间人员进出和各种废料排出，保证各物料运输通畅，避免重复往返。

⑤必须考虑生产卫生和劳动保护，如卫生消毒、防蝇防虫、车间排水、电器防潮、安全防火等措施。

⑥应注意车间的采光、通风、采暖、降温等设施。对空气压缩机房、空调机房、真空泵房等既要分隔，又要尽可能接近使用地点，以缩短输送管路。

（2）绿色食品加工厂生产车间工艺设计布置的步骤与方法。绿色食品加工厂生产车间平面设计一般有两种情况，一种是新设计车间平面布置，另一种是对原有厂房进行平面布置设计，但设计方法相同，主要包括以下步骤。

①计算整理好设备清单和各种生活设施所需的面积要求。

②对设备清单进行全面分析，哪些设备是笨重的、固定的，哪些是轻的、可以移动的，哪些是产品生产公用或专用的等。笨重、固定和专用的设备应尽量排布在车间四周；轻的可移动的设备排布在车间的中间，以利于在更换产品时调换设备。

③确定车间建筑物的结构、形式、朝向和跨度，可在计算纸上画好生产车间的长度、宽度和柱子位置。

④按照总体设计，确定生产流水线方向。

⑤应制订多种不同方案，以便分析比较。

⑥对不同方案可从以下几个方面进行比较：a. 建筑结构的造价；b. 管道安装（包括工艺、水、冷、汽等方面）；c. 车间运输与物流的合理性；d. 生产卫生条件；e. 操作条件；f. 通风采光。

三、绿色食品加工技术要求

（一）绿色食品加工原料的选择

原料是发展食品工业的基础，现代先进的食品工业对原料的质量提出了很高的要求。部分食品加工企业已自觉地禁用被农药污染的原料及不符合基本技术品质要求的原料（成熟度、含糖

量、有病虫害等)。绿色食品因其不同于普通食品的特性及食品品质较高的要求，更增加了原料选择的难度与严格程度。企业已将原料质量控制作为其加工环节的“第一车间”。

1. 绿色食品加工原料来源

食品加工一般都要求采用新鲜的原料，新鲜才具有营养价值，特别是水果和蔬菜，只有新鲜才含有较高的维生素含量。

绿色食品加工原料应有明确的原产地、生产企业或经销商的情况。固定的、良好的原料基地能够为企业提供质量、数量都有保证的原料。因此，一些企业开始投资农业，建立自己的原料基地，这种反哺农业的集团发展趋势十分适合绿色食品加工业的发展。绿色食品加工的主要原料成分应是已经认证的绿色食品。辅料（如盐）应有固定供应来源，并应出具按绿色食品标准检验的权威的检验报告。

水作为加工中常见的原料，因其特殊性，不必经过认证，但加工水必须符合我国饮用水卫生标准，也需要经过检测，出具合法检验报告。

非主要原料若尚无已认证的产品，则可以使用经中国绿色食品发展中心批准，有固定来源并已经检验的原料。

2. 绿色食品加工原料的质量与技术要求

只有品质优良的原料才能加工出质量上乘的食品。有些加工产品需要专用性较强的原料，像面包的专用面粉，以及加工番茄酱的品质优良的番茄，要求可溶性固形物含量高，红色素达到2 mg/kg，糖酸比适度。

绿色食品加工原料首先必须具备适合人食用的食品级质量，不能危害人的健康。其次，因绿色食品加工工艺的要求以及最终产品的不同，各类食品对原料的具体质量、技术指标要求也不同，但都应以生产出的食品具有最好的品质为原则。果汁质量的决定性因素是原料品种和成熟度、新鲜度等，倘若使用已腐败的水果原料制汁，霉菌（扩展青霉）则可能使水果原汁产生棒曲霉毒素，具有致癌、致畸等作用。所以只有选择适合加工的品质的原料，才能保证绿色食品加工产品的质量。

绿色食品严禁用辐射、微波等方法使不适食用的原料转化成可食的食物作为加工原料。对于非农业、牧业来源的原料（盐及其他调味品等）必须严格管理，在符合世界卫生组织标准及国家标准的情况下尽量少用（水符合饮用水标准，用量可按加工要求量使用）。

3. 绿色食品加工产品原料成分的标准及命名

有机食品对不同认证标准的混合成分要求有严格的标注，绿色食品加工也可遵循这个要求。食品标签中必须明确标明该混合物中各成分的确切含量，并按成分不同而采用以下命名方式。

加工品（混合成分）中最高标准的成分占 50%以上时，可命名为由不同标准认证的成分混合成的混合物。

（1）命名为含 A、B 两级标准的混合成分，则只能含 A、B 两级标准的成分，且 A 级标准的成分必须占 50%以上。

（2）含 A、B、C 级标准的混合成分，必须有 50%以上的 A 级成分。

（3）含 B、C 级成分的混合物，必须含 50%以上的 B 级成分。

若该混合成分中最高级成分含量不足 50%，则该混合物不能称为混合成分，而要按含量高的低级标准成分命名。例如，含 B、C 级标准混合物，B 级成分占 40%，C 级成分占 60%，则该混合物被称为 C 级标准成分。

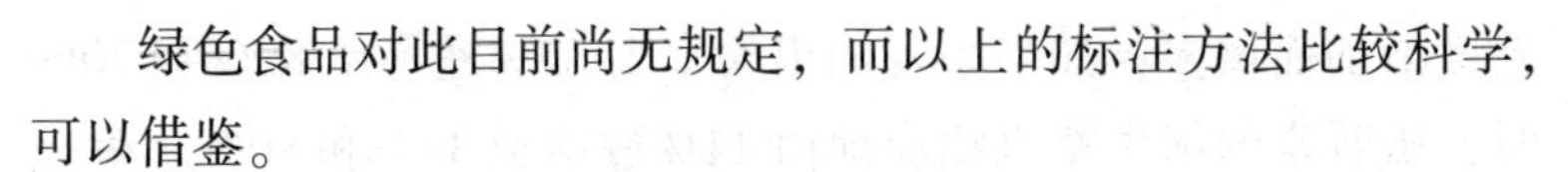

绿色食品对此目前尚无规定，而以上的标注方法比较科学，可以借鉴。

（二）绿色食品加工工艺要求与新技术

1. 绿色食品加工工艺要求

绿色食品加工应采用先进工艺，只有先进、科学、合理的工艺，才能最大限度地保留食品的自然属性及营养，避免食品在加工中受到二次污染；但先进工艺必须符合绿色食品的加工原则。较先进的辐照保鲜工艺就是绿色食品加工所禁止的。

采用先进工艺加工的食品一般有较好的品质。例如，果汁饮料杀菌，国内多用高温巴氏杀菌、添加防腐剂等方法。而国际食品法典委员会（CAC）规定，果汁饮料应采用物理杀菌方法，禁用高温、化学及放射杀菌。此规定符合绿色食品营养（不用高温杀菌可减少对营养物质的破坏）、无污染（不用防腐剂，不用化学方法杀菌）的宗旨，所生产的食品也较易达到绿色食品标准要求，但其先进的工艺对设备及加工条件的要求比较高，国内食品行业很少有企业做到。再如，利用二氧化碳超临界萃取技术生产植物油，可解决普通工艺中有机溶剂残存的问题。

绿色食品加工还应注意食品色、香、味的保持，尽量避免破坏固有营养的风味。例如，果汁浓缩时对其香气成分的回收工艺，不必再添加香精，只采用其本身香精就可以再次将浓缩汁恢复为果汁。

食品在加工过程中，加工工艺会引起食品营养成分和色、香、味的流失。绿色食品加工要求较多地（或最大限度地）保持其原有的营养成分和色、香、味。有资料表明，由于谷类中营养素（蛋白质、脂类、糖类、矿物质、维生素）分布的不均匀性，粮食加工研磨时丢失部分营养素，其丢失量往往随加工精度增加而增多，如当小麦的出粉率由85%递降至80%和70%时，硫胺素的损失率也相应地由11%递增至37%和80%。粮谷加工如过分粗糙，虽然营养素丢失较少，但感官性状差，消化吸收率亦下降。因此，粮谷加工工艺的最佳标准应保持最好的感官性状，最高的消化吸收率，同时又最大限度地保留各种营养成分。

果蔬的加工适性很强，营养丰富，特别是含有大量的维生素、矿物质营养，可以制成各种食品，如速冻品、干制品、罐藏品、酿造品、腌制品、粉制品等。不论哪种制品均应最大限度地保存其天然营养成分及原有的色、香、味。一般来讲，速冻品、干制品、罐藏品、汁、干粉制品均能较好地保存其营养成分。若在色、脆性、香味及风味上采取相应的保护措施，则可大大提高其价值。蔬菜含有的叶绿素在水中易引起变色，但在碱性中则稳定，因而在腌制蔬菜时如先将蔬菜浸泡在含有适量石灰乳、碳酸钠、碳酸镁的溶液中，既能保持制品绿色，又能起到保脆作用。

一些食品加工工艺中与绿色食品加工原则相抵触的环节必须进行改进。例如，粉丝生产中原来必须加入明矾增稠、稳定，才能使粉丝成型。但早在1989年，世界卫生组织就已将铝确定为食品中有害元素加以控制，并认为铝是人体不需要的金属元素。因此，粉丝生产工艺中明矾的问题不解决，就不能通过绿色食品认证。再如，咸鱼生产中，因鱼体本身含有丰富的二甲胺（氧化物），三甲胺又极易转化成二甲胺。腌制咸鱼的粗盐中NO_2的含量很高。在鱼体中，当二甲胺与NO_2达到一定程度时，即使不经过化学途径，也会由于微生物的催化活动，促使大量二甲基亚硝胺生成，对人体有强烈致癌作用。为将咸鱼中亚硝胺化合物降

至最低水平，在工艺上可采用以下改进措施：a. 腌制鱼制品时，不用硝酸盐和亚硝酸盐，采用一些天然香辛料（丁香、豆蔻等）来代替抑菌剂。b. 采用干泡法，并不断除去腌制过程中产生的水分，保持低温以减少微生物繁殖的机会，必要时可用醋酸或抗坏血酸加以处理，有效抑制亚硝胺的合成。c. 将腌制品在紫外线或强烈阳光下暴晒，亚硝胺即发生分解反应。采用这些措施可抑制亚硝胺的产生，从而使咸鱼达到绿色食品标准。该原则也适合于所有肉制品的加工。

2. 绿色食品加工工艺中的新技术

绿色食品加工必须针对自身特点，采用适合的新技术、新工艺，提高产品品质及加工率。绿色食品加工工艺中可采用的先进技术主要有下述几种。

（1）生物技术。生物技术主要包括基因工程、细胞工程、酶工程和发酵工程。因为有机食品对基因工程采取摒弃的态度，不能采用，故只有酶工程及发酵工程可以采用。

酶工程是利用生物手段合成、降解或转化某些物质，从而使廉价原料转化成附加值高的食品，如酶法生产糊精、麦芽糖等，或者用酶法修饰植物蛋白，改良其营养价值和风味，还可用于果汁生产中分解果胶提高出汁率等。

（2）膜分离技术。膜分离技术主要包括反渗透、超滤和电渗析。反渗透是借助半渗透膜，在压力作用下进行水和溶于水中物质（无机盐、胶体物质）的分隔，可用于牛奶、豆浆、酱油、果蔬汁等的冷浓缩。超滤是利用人工合成膜在一定压力下对物质进行分离的技术，如植物蛋白的分离提取。电渗析是在外电场作用下，利用一种对离子具有不同的选择透过性的膜（离子交换膜）而使溶液中的阴离子、阳离子和溶液分离，可用于海水淡化、水的纯化处理等。

(3) 工程食品。工程食品即用现代科学技术从农产品中提取有效成分，然后以此为配料，根据人体营养需要重新组合、加工配制而成新的食品。其特点是可以扩大食物资源，提高营养价值。

(4) 冷冻干燥。冷冻干燥又称为冷冻升华干燥，即湿物料先冻结至冰点以下，使水分变成固态冰，然后在较高的真空度上，将冰直接转化为蒸汽，使物料得到干燥。如加工得当多数可长期保存且原有物理性质、化学性质、生物学性质及感观性质不变，需要时加水，可恢复到原有状态和结构。

(5) 超临界提取技术。超临界提取技术，即利用某些溶剂的临界温度和临界压力去分离多组分的混合物。例如，二氧化碳超临界萃取沙棘油，其工艺过程无任何有害物质加入，完全符合绿色食品加工原则。

(6) 其他。挤压膨化、无菌包装、低温浓缩等技术也可以运用到绿色食品生产中，对于加工工艺中各项参数指标、加工的操作规程必须严格执行，以保证产品质量的稳定性。

第四节　绿色食品加工厂卫生要求

食品卫生是涉及人民健康的大事，也是一个关系经济效益的重要问题。食品加工过程中会产生污染，因此在工厂设计时，一定要在厂址选择、总体设计、车间布置及相应的辅助设施等方面严格按照国家绿色食品卫生标准和有关规定的要求进行周密的考虑。下面从食品厂设计的角度，介绍有关卫生设计的要求、规定及消毒方法。

一、绿色食品加工厂环境卫生要求

(一) 绿色食品加工厂总体卫生要求

(1) 总体设计的功能分区要明确生产区（包括生产辅助区）不能和生活区互相穿插。如果生产区中包含有职工宿舍，两区之间要设墙隔开。

绿色食品加工厂生产车间的建筑外形应根据生产品种、厂址、地形等具体条件确定，一般有长方形、L形、T形、U形等，其中以长方形最为常见。长方形车间的长度取决于流水作业线的形式和生产规模。生产车间的柱子越少越好。绿色食品加工厂生产车间的层高依照房屋建筑的跨度和生产工艺的要求确定。

不同性质的食品最好在不同车间生产，性质相同的食品在同一车间内生产时，也要根据使用性质的不同而加以分隔。在生产工段中，原料预处理工段、热加工工段、精加工工段、仪表控制室、油炸间、杀菌间、包装间等相互之间均加以分隔。

(2) 原料仓库、加工车间、包装间、成品库等的位置必须符合操作流程，不应迂回运输。原料和成品、生料和熟料不得相互交叉污染。

(3) 污水处理站应与生产区和生活区有一定距离并设在下风向。废弃物化制间应在距生产区和生活区 100 m 以外的下风向。锅炉房应设在距主要生产车间 50 m 以外的下风向，锅炉烟囱应配有消烟除尘装置。

(4) 厂区应分别设人员进出、成品出厂、原料进厂和废弃物出厂的大门，也可将人员进出门与成品出厂设在同一位置，而隔开使用，但垃圾和下脚料等废弃物不得与成品同门出厂。

(二) 绿色食品加工厂内外环境公共卫生要求

(1) 厂区周围应有良好的卫生环境，厂区附近（300 m

内）不得有有害气体、放射源、粉尘和其他扩散性的污染源。厂址不应设在受污染河流的下游和传染病医院近旁，厂、库周围不得有污染食品的不良环境。同一厂不得兼营有碍食品卫生的其他产品。

（2）工厂生产区和生活区要分开。生产区建筑布局要合理。

（3）厂区内外要绿化，路面平坦、无积水。主要通道应用水泥、沥青或石块铺砌，防止尘土飞扬。

（4）厂区排水要有完整的、不渗水的并与生产规模相适应的下水系统。下水系统要保持畅通，不得采用开口明沟排水。厂区地面不能有污水积存。工厂污水排放应符合国家环境保护。

（5）厂区厕所应有冲水、洗手设备和防蝇、防虫设施。其墙裙应砌白色瓷砖，地面要易于清洗消毒，并保持清洁。车间内厕所一般采用槽式，便于水冲，不易堵塞。厕所内要求有不用手开关的洗手和消毒设备，厕所应设于走廊的较隐蔽处，厕所门不得对着生产工作场所。

（6）更衣室应设合乎卫生标准要求的更衣柜，鞋帽与工作服要分格存放。

（7）厂内应设有密闭的粪便发酵池和污水无害化处理设施。

（8）垃圾和下脚料在远离食品加工车间的地方堆放，必须当天清理出厂。

二、绿色食品加工车间、设施与加工工艺卫生要求

（一）绿色食品加工车间卫生要求

绿色食品加工厂卫生要求较高，而生产车间的卫生要求更高。在食品生产过程中，有很多生产工段散发出大量的水蒸气和油蒸气，使车间内温度、湿度和油气浓度较高。在原料处理和设

备清洗时，排出的废水中含有稀酸、稀碱、油脂等介质，在设计中应考虑防蝇防虫、防尘、防雷、防滑、防鼠、防水蒸气和防油气等措施。因此，在工艺设计时，应注意如下要求。

1. 每个车间必须有人流、物流等机器设备的出入口

生产车间门的数量必须按生产工艺和车间的实际情况进行设计。生产车间的门应设置防蝇、防虫装置，如水幕、风幕、暗道、飞虫控制器等。为保证生产车间有良好的卫生环境，起到防蝇、防虫的作用，并有利于车间的运输。可采用以下类型的门：

(1) 塑料幕帘。这种门上用的幕帘为半软性透明塑料，塑料叠积而形成密封幕帘，人货均可进出。

(2) 软质弹簧门。这种门由橡皮板和铝合金金属框架组成，门上部有段透明塑料（视野高度），以免门相互碰撞。此门人货均可进出，铲车可撞门而入、撞门而出。

(3) 上拉门。上拉门为铝合金的可折弯的条板门，用铰链连接。门两边带有小滚轮，可沿轨道上下移动，往上推门即徐徐开放，不用时再下拉，门即密闭。此门极轻，用于进出货物，由于门往上拉，不占地面位置，可以几个门并列，特别适用于进出卸货月台上使用，可按需要开启门的高度。为保证有良好的防虫效果，一般用双道门，头道门是塑料幕帘，二道门上方装有风幕。

我国绿色食品加工厂生产车间常用的门大致有以下几种。

①空洞门，一般用于生产车间内部各工段间往来运输及人流通过的地方。

②单扇门和双扇门，可分内开和外开两种，一般在走廊两旁最好用内开门，但为了舒畅和便于人流疏散，最好用外开门。

③单扇推拉门和双扇推拉门，其特点是占地面积小，缺点是

关闭不严密，所以一般用于各种仓库。

④单扇双面弹簧门、双扇双面弹簧门、单扇内外开双层门和双扇内外开双层门。

2. 对排出大量水蒸气和油蒸气的车间应特别注意排气问题

一般对产生水蒸气或油气的设备需进行机械通风，可在设备附近的墙上或设备上部的屋顶开孔，用轴流风机在屋顶或墙上直接进行排气。例如，美国绿色巨人工厂的杀菌锅上部和东方食品厂油锅上部，均在屋顶上开孔，用气罩并装排气风机进行排气。对于局部排出大量蒸汽的设备，应将顶棚做成倾斜式，使大量蒸汽排至室外。

3. 注意采光问题

一般绿色食品加工厂生产车间的采光系数为1/6~1/4，采光面积占窗洞面积的比例与窗的材料、形式和大小有关。窗一般分侧窗和天窗两大类。常用的侧窗有单层固定窗、单层外开上悬窗、单层中悬窗和单层内开下悬窗。我国绿色食品加工厂最好采用双层内外开窗（纱窗与玻璃窗）。常用的天窗有三角天窗、单面天窗和矩形天窗。

4. 地坪要求

地坪应能防腐蚀，车间采用一定标准的地面坡度，并设有明沟或地漏排水。在设计时，采用运输带和胶轮车，以减少对地坪的冲击等。应根据绿色食品加工厂生产车间的具体情况进行设计，常用的地坪有石板地面、高标号混凝土地面、缸砖地面、塑料地面等。

食品加工厂生产车间常用的地坪有瓷砖地坪和水泥地坪。有的水泥地坪敷有涂料层（环氧树脂），仓库一般为水泥地坪。食品加工厂生产车间的地坪排水有明沟加盖和地漏两种。地漏直径

一般为200 mm和300 mm。国外推荐的地坪坡度为1/50~1/10，排水沟筑成圆底，以利于水的流动及清洁工作。

5. 内墙面要求

绿色食品加工厂车间对内墙面卫生要求很高，一般在内墙面的下部做1~2 m高的墙裙。材料可用150 mm×150 mm的白瓷砖或塑料面砖，塑料面砖可从地面直铺到天棚下。墙裙的作用是在人的动作高度内，保证墙面少受污染，并易清洗。天棚可用耐化学腐蚀的过氯乙烯油漆或偏水性内墙防霉涂料。过氯乙烯油漆具有优良的耐化学腐蚀性能，还具有耐油、耐醇和防霉等性能；其缺点是不耐温，长期在70 ℃以上温度即被分解，使漆膜破坏。此外，墙面可采用白水泥砂浆粉刷，亦可用塑料油漆、丙烯树脂等涂于内墙面，以便清洗。

6. 楼盖要求

铺面是楼板层表面的面层，材料有木板、水泥砂浆、水磨石等。填充物起隔音隔热的作用，故用多孔松散材料。天花板一般起隔音、隔热和美观的作用。而绿色食品加工厂生产车间的顶棚必须平整，可防止积尘。为确保生产车间的食品卫生，桁架和柱越少越好。

绿色食品加工厂很多生产车间因生产用水量大和卫生工作需冲洗设备及地坪，楼盖地面不仅要有1.5%~2.0%的坡度和排水明沟或地漏，而且楼盖不能渗水。

7. 绿色食品加工厂生产车间的建筑结构

由于食品厂生产车间散发的热量和湿度较高，木材容易腐烂而影响食品卫生。混合结构可用于绿色食品加工厂生产车间的单层建筑。钢筋混凝土结构为绿色食品加工厂生产车间、仓库等最常用的结构。钢筋混凝土结构（框架结构）可以是单层，也可以是多层。这种结构强度高，耐久性好，是绿色食品加工厂生产车间常用的结构。钢结构造价高，需经常维修，对温度、湿度较高的食品厂生产车间更不适宜采用。

（二）绿色食品加工车间设施卫生要求

绿色食品加工车间设施设备必须符合下列条件。

（1）绿色食品加工车间必须设有与生产能力相适应，易于清洗、消毒，有耐腐蚀的工作台、工具、器具和小车。禁用竹木器具。必须设有与生产能力相适应的辅助加工车间、冷库和各种仓库。

（2）与物料相接触的机器、输送带、工作台面、工具、器具等均应采用不锈钢材料制作。车间内应设有对这些设备及工具、器具进行消毒的措施。冻肉的解冻吊架（道轨和滑车）宜采用不锈钢材料制造。

（3）人流和物流进口处均应采取防虫、防蝇措施，结合具体情况可分别采用灭虫灯、暗道、风幕、水幕、缓冲间等。车间应配备热水及温水系统供设备或人员卫生清洗用。

（4）主生产车间窗户应是双层窗，常温车间一层玻璃一层纱，空调房间双层玻璃，宜采用标准钢窗，以保证关闭严密。车间大门采用透明坚韧的塑料门。

（5）车间天花板的粉刷层应耐潮，不应因吸潮而脱落。天花板、墙壁、门窗应涂刷不易脱落的无毒浅色涂料，便于清洗、消毒。车间内光线充足，通风良好，地面平整、清洁，应有洗手、消毒、防蝇、防虫设施和防鼠措施。

（6）车间地面要有坡度，不积水，易于清洗、消毒，排水道要通畅。地面坡度为1.5%~2.0%，不管地坪还是楼面均应做排水明沟，沟断面以宽300 mm、深150 mm为好，以使排水通

畅，易于清扫。楼板结构应保证绝对不漏水，明沟排水至室外处应做水封式排出口。

(7) 必须设有与车间相连接、与生产人数相适应的更衣室、厕所。车间进口处设有不用手开关的洗手及消毒设施。有与车间相连接的淋浴室，在车间进口处设靴、鞋消毒池及洗手设备。车间的电梯井道应防水，电梯坑设集水坑排水，各消毒池设排水漏斗。

(8) 加工肉类罐头、水产品、蛋制品、乳制品、速冻蔬菜、小食品类车间的墙裙应砌2 m以上（屠宰车间3 m以上）白色瓷砖，顶角、墙角、地角应是弧形，窗台是坡形。

(9) 车间的前处理、整理、装罐及杀菌3个工段应明确加以分隔，并确保整理、装罐工段的严格卫生。

(三) 绿色食品加工工艺卫生要求

(1) 同一车间不得同时生产两种不同品种的食品。

(2) 下脚料必须存放在专用容器内，及时处理。容器应经常清洗、消毒。

(3) 肉类罐头、水产品、乳制品、蛋制品、速冻蔬菜、小食品类加工用容器不得接触地面。在加工过程中，做到原料、半成品和成品不交叉污染。

(4) 与冷冻有关的绿色食品加工还必须符合下列条件：a. 肉类分割车间必须设有降温设备，温度不高于20 ℃。b. 设有与车间相连接的、相应的预冷间及速冻间、冷藏库。预冷间温度为0~4 ℃。速冻间温度在−25 ℃以下，使冻制品中心温度（肉类在48 h内，禽肉在24 h内，水产品在14 h内）下降到−15 ℃以下。冷藏库温度在−18 ℃以下，冻制品中心温度保持在−15 ℃以下。冷藏库应有温度自动记录装置和温度计。

（5）绿色罐头食品加工还必须符合下列要求：a. 原料前处理与后工序应隔离开，不得交叉污染。b. 装罐前空罐必须用82 ℃以上热水或蒸汽清洗消毒。c. 杀菌必须符合工艺要求。杀菌锅必须热分布均匀，并设有自动记温计时装置。d. 杀菌冷却水应加氯处理，保证冷却排放水的游离氯含量不低于0.5 mg/kg。e. 必须严格按规定进行保（常）温处理，库温要均匀。

第六章　绿色食品包装和贮运技术

第一节　绿色食品果蔬的采收与分级

采收是果品、蔬菜（包括野生蔬菜）生产的最后一个环节，又是果蔬商品化处理、贮运、加工的最初环节，具有很强的季节性和技术性。采收成熟度、采收期及采收工具是否恰当，采收技术操作是否科学合理，即采收质量的高低直接影响采后果蔬品质、贮运消耗和加工制造质量以及经济效益的高低。

一、绿色食品果蔬的采收

(一) 采收期

果蔬的采收期是根据果实的成熟度和采收后的用途来决定的。果实的采收成熟度又要根据果实本身的生物学特性与采收后的用途、市场的距离、加工和贮运条件而定。如果采收过早，营养物质和果实的色、香、味欠佳，不能显现出品种固有的优良性状和品质，达不到鲜食、贮藏、运输、加工的要求。若采收过迟，则不耐贮运，其原因是果实过熟，接近衰老。

果蔬的成熟度一般可分为可采成熟度、食用成熟度和生理成熟度3种。可采成熟度是指果蔬已经完成了生长和营养物质的积累，大小已经定型，出现了本品种近于成熟的色泽和形状，已达到可采阶段，这时有的果蔬还不完全适于鲜食，但适于长期贮藏，如供贮藏用的苹果、香蕉、番茄都应在此时采收。食用成熟度是指果蔬已经具备本品种固有的色、香、味、形等形状特征，达到最佳食用期的成熟度状态，这时采收的果蔬适于就地销售及短途运输等。生理成熟度是指果蔬种子已经充分成熟，果蔬已不适于食用，更不便贮藏运输，一般水果都不应在这时采收，蔬菜仅供菜种用，只有以食用种子为目的的核桃、板栗在该阶段采收。

果品、蔬菜种类很多，且不同种类、品种的采收成熟度不同，所以很难制定统一的采收成熟度标准。现介绍一般采用的方法作为判断采收成熟度的参考。

1. 果蔬颜色

果蔬成熟时，大多首先表现为表皮颜色的变化，绿色消退的同时显露出果蔬固有的颜色。在生产实践中，果蔬的颜色是判断果蔬成熟度的重要标志之一。如苹果、桃的红色为花青素，葡萄的果皮中含有单宁、儿茶酸及某些花青素等而显红色。番茄的红色和黄色是由番茄红素和番茄黄素所形成的，长途运输的番茄应在果实由绿变白的绿熟期采收，近地销售的番茄可在转色期即果顶为粉红色或红色时采收，加工用的番茄则在全红时采收。甜椒一般在绿熟期采收，罐藏、制酱或制干的辣椒则在全红时采收。西瓜在接近地面部分由白灰变为酪黄时采收。甜瓜色彩由绿到斑绿和稍黄时表示已成熟。草莓应在着色 80%~90%时采收，在这时采收既能得到风味较好的果实，又能减少因过熟而带来的损失。

2. 果梗脱落的难易程度

某些种类的瓜果如苹果、西瓜、枣等在成熟时果柄与果枝间

常形成离层，一经振动即可脱落，即所谓的瓜熟蒂落。此类瓜果如不及时采收，就会造成大量落果。

3. 果蔬的硬度

由于果蔬供食用的部分不同，成熟度的要求不一，硬度也是判断果蔬成熟度的标准之一。果实的硬度是指果肉抗压力的强弱，抗压力越强，果实的硬度就越大。果肉硬度与细胞之间原果胶的含量成正相关，即原果胶含量越多，果肉的硬度也就越大。随着果实成熟度的提高，原果胶逐渐分解为果胶或果胶酸，细胞之间也就松弛了，果肉硬度也就随之下降。有的蔬菜不用硬度而一般用坚实度来判断采收成熟度，如白菜、甘蓝等。有的蔬菜要求硬度不能过高，若硬度高则表示品质下降，如莴苣、芹菜应在叶变坚硬之前采收。茄子、黄瓜、豌豆、四季豆、甜玉米等应在幼嫩时采收，质地变硬就意味着组织粗老，鲜食和加工品质低劣。

4. 主要化学物质含量

果蔬中的主要化学物质有淀粉、糖、有机酸、总可溶性固形物、抗坏血酸等。在生产和科学试验中常用总可溶性固形物含量高低来判断成熟度，或以可溶性固形物与总酸之比来衡量品种的质量，要求固酸比达到一定比值时才进行采收。淀粉和糖含量是衡量果蔬采收成熟度的重要指标，青豌豆、甜玉米、菜豆等食用幼嫩组织，要求含糖多、含淀粉少；而马铃薯、芋头等，淀粉含量高则产量高、品质好、耐贮藏，用于加工制淀粉，出粉率高。

5. 生长期

栽种在同一地区的果蔬作物，在正常的栽培条件下，其果实、蔬菜从生长到成熟，大体都有一定的天数，因此，也可根据生长期确定适宜的采收成熟度。如山东济南的金冠苹果 4 月 20

日前后开花，9 月 15 日前后成熟，生长期 145 d 左右；陕西渭北秦冠苹果盛花后 180 d 以上采收为宜。各地可根据多年平均生长天数得出当地适宜的采收期。

6. 植株生长状态

洋葱、马铃薯、芋头、荸荠、姜等蔬菜在地上部分枯黄后开始采收为合适，此时产品开始进入休眠期，采收后最耐贮藏。

（二）采收方法

果蔬鲜嫩多汁，在采收过程中容易碰破擦伤，且果蔬破伤后愈合能力很差，极易造成腐烂。因此，果蔬采收是一项很细致的工作，必须在采前做好各项准备工作。

1. 人工采收

所谓人工采收，是指手摘、剪采、刀割、竿打、摇落、用锹和镢挖等方法。由于果蔬种类多，成熟度不均，以及供作鲜销和贮存的果蔬要求，如水果带梗、番茄带萼等，为提高产品的商品价值，减少损耗，都要求人工采收。因此，国内外绝大多数果蔬都一直采用人工采收方法。

美国和日本用作鲜销的柑橘类果实，用圆头剪剪齐萼片、剪断果梗，将果实装入随身背带的特制帆布袋内，盛满后打开袋底扣子，将果实倾入大木箱（约 500 kg），用吊车将大木箱装上汽车，送至包装场。苹果和梨成熟时，其果梗与果枝间产生离层，采收时以手掌将果实向上一托即可脱落。对于果梗与果枝结合牢固的果实如葡萄、柑橘、荔枝、龙眼等，一般用采果剪剪下。核桃、板栗、枣等果实，多采用竿打、摇落等方法采收。

萝卜、胡萝卜、马铃薯、芋头、山药、大蒜、洋葱、藕等地下根茎类蔬菜，采收时用锹等工具刨挖，也可用犁翻，要求挖得够深，否则会伤及蔬菜根部。有些蔬菜采收时用刀割，如石刁

柏、甘蓝、大白菜、芹菜、西瓜、甜瓜等。

山野菜是否耐贮藏，与其采收方法有密切的关系。采收方式和适当处理是保持山野菜品质的必要条件。不正确的采收和粗放的处理，不仅直接影响山野菜的销售、品质，而且会引起损伤和变色，导致呼吸强度显著提高，生理病害发生，即使是轻微的表皮损伤，也会成为微生物侵入的通道而招致腐烂，缩短贮藏寿命。掌握正确的采收方法，对防止山野菜大量损耗有着重要的意义。目前，山野菜的采收方法为人工采摘，由于山野菜多生长在偏远山区或深山老林，机械作业几乎不可能。故目前的采摘几乎是山民手工采摘，再由加工厂集中收购，然后再进行保鲜贮藏或加工处理。地下根茎类山野菜的采收，如山药、大黄，应挖得深些，以免伤及其根部。根茎类山野菜采收时要求块茎的湿度比较低，所以在挖掘前应提早割去枝叶，或挖后将块茎在地上摊晾60~120 min。用手采摘山野菜时要特别注意轻拿轻放，避免损伤。用刀割的山野菜，收割时应留2~3片包叶作为衬垫保护。

人工采收虽然费工费时，劳动强度大，生产效率低，但其最大的优点是能够做到精细采收，保证果蔬质量，减少不必要的损耗。所以，即使在机械化程度很高的国家，供鲜食和贮藏的果蔬目前仍然主要采用人工采收的方法。

2. 机械采收

机械采收可节省大量劳力，提高生产效率，减轻劳动强度，降低成本。对于那些在成熟时果梗与果枝间易形成离层的果实和根茎类蔬菜可采用机械采收。

果实机械采收的主要方式为强风压式和振动式。采果之前在植株上喷洒催熟剂或脱落剂，促使果梗与果枝间离层的形成。机械采果时迫使离层分离脱落，但必须在树下布满柔韧的传送带，以承接果实，并自动将果实送到分级包装机内。美国用此类机械采收樱桃、葡萄、苹果等，采收效率很高。国外正在研究柑橘果实的脱落剂，使机械采收进一步完善，比较有效的是环六氧、抗坏血酸和萘乙酸等。

地下根茎类蔬菜如马铃薯、萝卜、芋头、山药等，国外常用机械采收，其采收机械是由挖掘器、收集器、运输带这几部分连接在一起的。收后运到拖车上，有的还附加分级、装袋等设备。美国绝大部分加工用的番茄都是用机械采收的，其他如菜豆、甜椒、莴笋、大白菜等国外也有采用机械采收的。

机械采收最大的缺陷是果蔬机械损伤较严重，而且一般只能进行一次。对于成熟不一致的果蔬来说，采用机械采收损失较大。此外，由于果蔬种类很多，其特性各异，采收机械很难通用。采收机械采收的果蔬产品主要用于加工处理。

（三）采收注意事项

1. 要备好采摘设备

准备好采摘袋、果箱和梯子。冲洗和清洁所有用来采摘水果的设备。

2. 尽量避免机械损伤

伤口是病原微生物入侵之门，是导致果蔬腐烂最主要的原因。自然环境中存在许多致病微生物，它们绝大多数是通过伤口侵入果蔬体内的。即使有些果蔬轻微的伤口能自然愈合，但在不同程度上导致果蔬呼吸强度提高而加速其衰老进程，且伤痕和斑疤也影响果蔬的商品价值。

3. 选择适宜采收的天气

阴雨天气、露水未干或浓雾时采收，因果蔬表皮细胞膨压大，容易造成机械损伤，加上表面潮湿，便于微生物侵染；高温

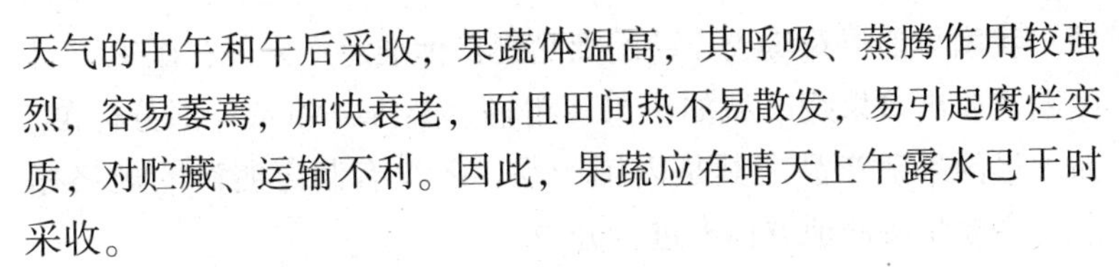

天气的中午和午后采收，果蔬体温高，其呼吸、蒸腾作用较强烈，容易萎蔫，加快衰老，而且田间热不易散发，易引起腐烂变质，对贮藏、运输不利。因此，果蔬应在晴天上午露水已干时采收。

4. 分期采收

同一植株上的果实，由于开花有先后，着生部位有上下、内外之分，故不可能同时成熟。柑橘、葡萄、枣、番茄、辣椒等果实的成熟期差异更大。为了提高果蔬产量，保证产品质量，应做到分期、分批采收。此外，对于大多数水果来说，采果时应先采树冠下部、外围果，后采树冠内膛和上部果，以免人为碰落果实；防止粗放采摘，以确保质量。

二、绿色食品果蔬的分级

果蔬在生长发育过程中，由于受多种因素的影响，其大小、色泽、形状、成熟度及病虫害状况等差异较大。只有按一定的标准，通过分级处理，使其达到商品标准化或商品性状大体一致，这样才便于产品的包装、运输、销售和贮藏加工。

（一）分级的目的和意义

果蔬分级是根据果蔬产品的大小、重量、形状、色泽、成熟度、新鲜度及病虫害、机械损伤等商品性状，按照一定的标准，进行严格挑选。分级是果蔬产品商品化处理的基础环节，是现代化社会生产和市场商品经济的客观要求。果蔬分级的目的和意义可以概括为以下几点：a. 实现优质优价；b. 满足不同用途的需要；c. 减少损耗；d. 便于包装、运输与贮藏；e. 提高产品市场竞争力。

（二）分级标准

果蔬的种类、品种很多，产品器官各异，因此分级标准不同。我国目前果蔬等农产品的商品规格标准还不完善，国家只对少数主要出口果蔬产品如苹果、柑橘、梨等，颁布了部分标准，而大量的果蔬产品尤其是内销产品，还没有制定明确的规格标准，主要是按照地方标准进行分级。

果品分级标准的主要项目，因种类、品种不同而略有出入。我国目前一般是在果形、新鲜度、颜色、品质、病虫害和机械损伤等方面已符合要求的基础上，再按大小进行分级。如我国出口的红星苹果，河北、山东两省从65~90 mm，每差5 mm为一组，分为五组；四川省对西欧国家出口的柑橘分为大、中、小三组；广东惠阳地区对中国香港、澳门出口的柑橘、蕉柑等从51~85 mm，每差5 mm分为一组，共分7组，甜橙从51~75 mm，每差5 mm分为一组，共分5组。从上述这些例子可以看出，大小分级是根据果实的种类、品种以及销售对象而制订的。

蔬菜由于供食用的部分不同，成熟标准不一致，所以没有一个固定统一的规格标准，只能按各种蔬菜品质的要求制定个别的标准。蔬菜分级通常根据坚实度、清洁度、大小、重量、颜色、形状、成熟度、新鲜度，以及病虫感染和机械损伤等各个方面综合考虑。通常的级别有三种，即特级、一级和二级。

（三）分级方法

果蔬产品的分级方法大体可分为人工分级和机械分级。

1. 人工分级

人工分级是国内普遍采用的方法，即根据人的视觉判断，按照果蔬分级标准，将果蔬分成若干等级。人工分级能减轻机械伤害，适用于各种果蔬，尤其是鲜嫩多汁、容易损伤的果蔬如桃、杏、葡萄等。但工作效率低，级别标准易受人心理因素的影响。

2. 机械分级

采用机械分级，不仅可消除人为心理因素的影响，更重要的是能显著提高工作效率。美国、日本等发达国家除对容易损伤的果实和大部分蔬菜仍采用人工分级外，其余果蔬一般采用机械分级。各种选果机械都是根据果实直径大小进行形状选果，或是根据果蔬的不同重量进行重量选果而设计制造的。此外，近年来有些国家研制出了光电分级机，已用于柑橘、番茄等果实的挑选分级。

果实分级机械按工作原理可分为大小分级机、重量分级机、果实色泽分级机和既按大小又按色泽进行分级的果实色泽重量分级机。

(1) 果实大小分级机。按果实大小进行分级，由于选出的果实大小形状基本一致，有利于包装贮存和加工处理，故在果实分级中应用最广泛。工作原理：使果实沿着具有不同尺寸的网格或缝隙的分级筛移动，最小果实先从最小网格漏出，较大果实从较大网格漏出，按网格尺寸的差别，依次选出不同级别的果实。为减少果实碰撞，提高好果率，有的分级机是利用浮力、振动和网格相配合的办法进行分级。在选果槽的上部装设网眼尺寸不同的选果筛，水槽里面设振动部件。分选时，先将果实送入水槽里面，振动部件振动时，槽中果实获得动能而移动，当果实移到与其大小相应的网眼时，果实便通过网眼浮出水面，停留在相应的格槽中，然后收取，即完成果实分级工序。这种方法的优点是避免了果实间的互相碰撞，在分级的同时可对果实进行清洗和消毒作业。

(2) 果实重量分级机。按重量分级的分级机械是利用杠杆原理进行工作的。在杠杆的一端装有盛果斗，盛果斗与杠杆间是铰链连接，杠杆的另一端上部由平衡重压住，下部有支撑导杆以保证水平状态，杠杆中间由铰链点支撑，当盛果斗的果实重量超过平衡重时，杠杆倾斜，盛果斗翻倒，抛出果实。承载轻果的杠杆越过此平衡重的位置沿导杆继续前移，当遇到小于果实重量的平衡重时，杠杆才倾斜，盛果斗翻倒在新的位置，抛出较轻的果实，由此，果实可按重量不同被分成若干等级。

目前，较先进的微机控制的重量分级机，采用最新电子仪器测定重量，可按需选择准确的分级基准，分级精度高，使用特别的滑槽，落差小，水果不受冲击、不损伤。分级、装箱所需时间为传统的1/2。

（3）果实色泽分级机。按色泽分级的分级机工作原理：果实从电子发光点前面通过时，反射光被测定波长的光电管接受，颜色不同，反射光的波长就不同，再由系统根据波长进行分析和确定取舍，达到分级效果。在意大利的果品贮藏加工业生产中，使用颜色分级机较早，主要是对苹果进行颜色分级，其原理是按照绿色苹果比红色苹果的反射光强的道理进行的。工作时，果实在松软的传送带上跳跃移动，光线可照射到水果的大多数部位，这样就避免了水果单面被照射。反射光传递给电脑，由电脑按照反射率的不同来将果实分开，一般分为全绿果、半绿（半红）果、全红果等级别。

（4）果实色泽重量分级机。既按果实着色程度又按果实大小来进行分级，是当今世界生产上最先进的果实采后处理技术，该机首先在意大利研制成功并应用于生产。工作原理：将上述的自动化色泽分级和自动化大小分级相结合。首先是带有可变孔径的传送带进行大小分级，在传送带的下边装有光源，传送带上漏下的果实经光源照射，反射光又传送给电脑，由电脑根据光的反射情况不同，将每一级漏下的果实又分为全绿果、半绿半红果、全红果等级别，又通过不同的传送带输送出去。

第二节　绿色食品包装技术

一、食品包装材料

传统的包装材料主要是玻璃瓶、金属罐、纸盒、纸箱。现代食品包装材料主要有塑料类、纸类、复合材料类（塑/塑、塑/纸、塑/铝、箔/纸/塑等各种类型的多层复合材料）、玻璃瓶类、金属罐等。

（一）复合材料

复合材料是种类最多、应用最广的一种软包装材料。目前用于食品包装的塑料有30多种，而含塑料的多层复合材料有上百种。复合材料一般用2~6层，但特殊需要的可达10层甚至更多层。将塑料、纸（或薄纸板）、铝箔等基材，科学合理地复合或层合配伍使用，几乎可以满足各种不同食品对包装的要求。例如，用塑料/纸板/铝塑/塑料等多层材料制成的利乐包装牛奶的保质期可长达半年到一年；有的高阻隔软包装肉罐头的保质期可长达3年；有的发达国家的复合材料包装蛋糕保质期可达一年以上，一年后蛋糕的营养、色、香、味、形及微生物含量仍符合要求。设计复合材料包装应特别注意各层基材的选择，搭配必须科学合理，各层组合的综合性能必须满足食品对包装的全面要求。

（二）塑料

我国用于食品包装的塑料也多达10余种，如聚乙烯（PE）、聚丙烯（PP）、聚酯（PET）、尼龙（PA）、聚偏二氯乙烯（PVDC）、乙烯-乙酸乙烯共聚体（EVA）、聚乙烯醇（PVA）、聚氯乙烯（PVC）等。其中高阻氧的有PVDC、PET、PA等；高阻湿的有 PVDC、PP、PE 等；耐射线辐照的如 PS 等；耐低温的有 PE、EVA、PA 等；阻油性和机械性能好的有 PA、PET 等；既耐高温灭菌又耐低温的有 PET、PA 等。各种塑料的单体分子结构不同，聚合度不同，添加剂的种类和数量不同，性能也不同，即使是同种塑料不同牌号，性质也会有差别。因此，必须根据要求选用合适的塑料或塑料与其他材料的组合，选择不当可能会造成食品品质下降甚至失去食用价值。例如，东北某地用 PVC 塑料瓦楞箱代替瓦楞纸箱包装苹果，因为 PVC 阻隔二氧化碳、氧气、水的性能远远大于纸箱的阻气性和阻湿性，使苹果不能维持一定的呼吸，导致其大量腐烂。

（三）玻璃瓶

传统的玻璃瓶易破损，重量/容积比大。现代包装多采用薄壁轻瓶（轻质瓶），这种经特殊处理或物理方法处理的容器重量可减少 1/3～1/2，但强度却大大提高，从而提高了玻璃容器在食品包装市场中的竞争力。

（四）金属罐

传统的金属包装主要是马口铁（镀铝薄钢板）制作的三片罐。现代食品包装除马口铁外，还采用了薄铝板等制的罐。罐的形式除了三片罐外，还有两片罐、异型罐、喷雾罐等。

（五）纸和纸板类

现代包装主要用各种加工纸（纸板）、复合纸、层合纸（纸板）等，如高分子材料加工纸、蜡加工纸、油加工纸、玻璃纸、羊皮纸、镀铝纸、纸/铝箔层合纸等。在运输包装中，瓦楞纸板用量最多，瓦楞纸箱、托盘几乎大部分代替了木箱。蜂窝纸箱是最新的高强度纸板容器。此外，有一点应注意，镀铝纸、镀铝塑料与纸/铝箔层合材料，塑料/铝箔层合材料的内

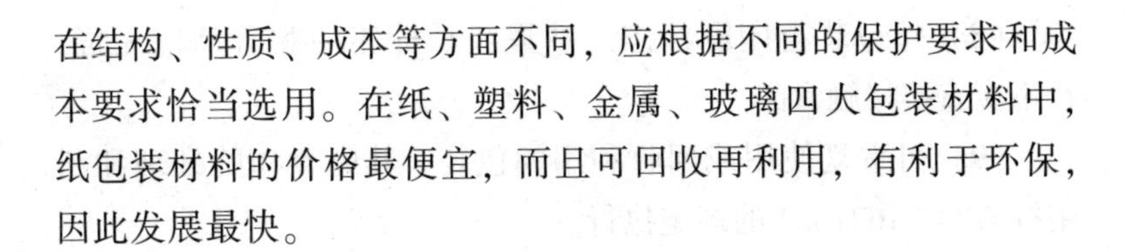

在结构、性质、成本等方面不同，应根据不同的保护要求和成本要求恰当选用。在纸、塑料、金属、玻璃四大包装材料中，纸包装材料的价格最便宜，而且可回收再利用，有利于环保，因此发展最快。

二、绿色食品包装应具备的条件

(1) 根据不同的绿色食品选择适当的包装材料、容器、形式和方法，以满足食品包装的基本要求。

(2) 包装的体积和质量应限制在最低水平，包装实行减量化，即在保证盛装及保护运输、贮藏和销售功能的前提下，包装首先考虑的因素是尽量减少材料使用的总量。

(3) 在技术条件许可与商品有关规定一致的情况下，应选择可重复使用的包装；若不能重复使用，包装材料应可回收利用；若不能回收利用，则包装废弃物应可降解。

(4) 纸类包装要求。可重复使用、回收利用或可降解；表面不允许涂蜡、上油；不允许涂塑料等防潮材料；纸箱连接应采取黏合方式，不允许用扁丝钉钉合。

(5) 金属类包装应可重复使用或回收利用，不应使用对人体和环境造成危害的密封材料和内涂材料。

(6) 玻璃制品应可重复使用或回收利用。

(7) 塑料制品要求。使用的包装材料应可重复使用、回收利用或可降解；在保护内装物完好无损的前提下，尽量采用单一材质的材料；使用的聚氯乙烯制品，其单体含量应符合 GB 4806.7 要求；使用的聚苯乙烯树脂或成型品应符合相应国家标准要求；不允许使用含氟氯烃（CFS）的发泡聚苯乙烯（EPS）、聚氨酯（PUR）等产品。

(8) 外包装上印刷标志的油墨或贴标签的黏着剂应无毒，且不应直接接触食品。

(9) 可重复使用或回收利用的包装，其废弃物的处理和利用按 GB/T 16716.2 的规定执行。

(10) 包装尺寸的要求如下。

①绿色食品运输包装件尺寸应符合 GB/T 13757 的规定。

②绿色食品包装单元应符合 GB/T 15233 的规定。

③绿色食品包装用托盘应符合 GB/T 16470 的规定。

(11) 标志与标签：绿色食品外包装上应印有绿色食品标志，并应有使用说明及重复使用、回收利用说明；标志的设计和标识方法按有关规定执行；绿色食品标签除应符合 GB 7718 的规定外，若是特殊营养食品，还应符合 GB 13432 的规定。

①获得绿色食品标志使用权的企业，应尽快使用绿色食品标志。绿色食品标志是中国绿色食品发展中心在国家工商行政管理局商标局注册的质量证明商标。作为商标的一种，该标志具有商标的普遍特点，只有使用才会产生价值。若取得标志使用权后长期不使用绿色食品标志，还会妨碍绿色食品发展中心的管理工作。因而，企业应尽快使用绿色食品标志。

②绿色食品产品的标签、包装必须符合《中国绿色食品商标标志设计使用规范手册》的要求。绿色食品生产企业在产品内、外包装及产品标签上使用绿色食品标志时，绿色食品标志的标准图形、标准字体、图形与字体的规范组合、标准色、编号规范必须按照《中国绿色食品商标标志设计使用规范手册》的要求执行，并报中国绿色食品发展中心审核、备案。包装、标签上必须做到“四位一体”，即绿色食品标志图形、“绿色食品”文字、编号及防伪标签必须全部体现在产品包装上。凡标志图形出现

时，必须附注册商标符号“R”。在产品编号正后或正下方须注明“经中国绿色食品发展中心许可使用绿色食品标志”的文字，其规范英文为“Certified China Green Food Product”。产品标签还必须符合《食品标签通用标准》GB 7718。标签上必须标注：食品名称；配料表；净含量及固形物含量；制造者、销售者的名称和地址；日期标志（生产日期、保质期/保存期）和贮藏指南；质量（品质等级）和产品标准号。另外，还须注明防腐剂、色素等的所用种类及用量。

在宣传广告中使用绿色食品标志。许可使用绿色食品标志的产品在其宣传广告中应注意使用绿色食品标志。使用在所有可做广告宣传的物体和媒体上，如在名片、台历、灯箱、运输车和办公楼上或电视广告中使用绿色食品标志，必须符合《中国绿色食品商标标志设计使用规范手册》的要求。

③绿色食品生产企业不能扩大绿色食品标志的使用范围。绿色食品标志在包装、标签上或宣传广告中使用，只能用在许可使用标志的产品上。例如：某饮料生产企业产品有苹果汁、桃汁、橙汁等，其中仅苹果汁获得了绿色食品标志使用权，则企业不能在桃汁、橙汁的包装上使用绿色食品标志，广告宣传中也不应用“某某果汁，绿色食品”之类的广告语，只能讲“某某苹果汁，绿色食品”，以免给消费者造成误解。另外，在系列产品上，如某茶厂的云雾绿茶获得标志使用权后，在未申报的银毫绿茶上使用绿色食品标志；在联营、合营厂的产品上，如山东省某奶粉厂生产的A牌奶粉获得标志使用权后，擅自在其河南省联营企业生产的B牌奶粉上使用绿色食品标志等，都是擅自扩大绿色食品标志的使用范围，是不允许的。

三、果蔬类食品的包装

绿色食品经过包装，可以减少运输、贮藏及销售等环节中，因相互摩擦、碰撞、挤压而造成的机械损伤，减少病害蔓延和水分消耗，避免果蔬散堆发热而引起腐烂变质，使果蔬产品在较长时期内保持良好的商品状态、品质和食用价值。此外，果蔬经过包装后，还可以提高商品价值，促进销售，强化市场竞争能力。良好的包装对生产者、经营者和消费者都是有利的。

（一）保护果品免受伤害

果品在处理和分配的时候应避免所有的物理伤害，有些很明显的伤口（如切伤、刺伤）在包装前即已产生，这部分可通过完善监督和挑拣而减少，然而有些伤口是通过处理阶段积累起来的，这就要求包装操作过程和包装物能避免下列伤害。

1. 冲击伤害

冲击伤害是由于单个果品在包装内相互撞击或与硬物撞击而造成的。冲击伤害在外观上可能看不出，包装时果品随意丢落于包装内通常是造成伤害的主要原因。因此，在箱底要仔细衬垫，充填包装时，容积充填物应软而有弹性，这些都可减少冲击伤的发生和严重性。包装后果品用托盘化装卸时底部衬垫可减轻伤害。要防止叉车粗放操作。因此，为减少果品冲击伤害，必须精心操作并加强监督。

2. 压缩伤害

压缩伤害是由于不适当包装和不合适的包装性能造成的。包装大小应仔细调整以适合被包装的果品容积，避免过量包装造成的压缩伤害。包装过满和过高堆叠，包装歪曲，果品吸收大部分的堆叠压力，是造成压缩伤害的原因。因此，包装必须要求有足

够支持压力的强度和抗高湿度的能力。

3. 震荡擦伤

果品在包装箱内因运输震荡造成的伤害较少受人注意。震荡造成的伤害通常只限在果品的表面，但降低了销售品质。软果类可能使深层果肉受损。为防止震荡伤害，果品在包装内应保持适当密度并固定于包装箱内。手工包装时，应在包装箱侧面附加固定材料。卷缠包裹、浅盘、杯、薄垫片、衬垫和护具等都有效。容积充填包装时，可用衬垫和盖子来固定。一种称为果实包装的特殊操作是专门设计用来固定容积、充填果品的，充填后使果品保持固定。包装外观必须保持正常，不得使内含物之间有更多空隙，否则更易发生运输伤害。

(二) 温度管理

果品包装必须能适应有特殊温度要求的果品。温度管理应满足包装内果品能与外部环境良好接触。通常，通气可以迅速除去包装内的热量，在一定限度内增加通气孔大小可促进热的交换。瓦楞纸箱包装，有5%的侧边通气面积或在底部垫板条，通气就可以迅速制冷，并且不会受潮而过分软化包装。适当少量大的通气孔优于众多小通气孔。运输时，这些通气孔的效果主要由装载模式决定，装载时应使得冷气能到达通风孔。有些水果在零售前要后熟，需要均匀加温并要用乙烯处理，包装也要适于加温和通气。包装箱上的孔不要被内部包装物或衬垫物阻塞。

(三) 防止水分损失

很多果品在采后处理和销售期间，由于水分损失而发生凋萎、皱缩和干燥现象。失水是由于果品和周围干燥环境产生一种水蒸气压差引起的。贮藏期间，可以保持高的相对湿度以减少水分损失，但大运输和销售时就很难控制环境湿度，因此，包装就必须具有保温作用。很多包装都可阻隔果品水分损失。开小孔的塑料薄膜衬垫既便于气体交换，又可使包装内仍维持基本饱和的水汽。开口的聚乙烯蜡乳剂，涂覆在瓦楞板表面。包装内水分阻隔物一定不能阻隔通过包装孔的气流流动，聚乙烯膜浅盘包装农产品，在冷藏时增加气流流动可以弥补密封包装阻隔的问题。

（四）便于特殊处理

某些需要特殊处理的果品一定要考虑包装的选择和设计。如葡萄用二氧化硫熏蒸以控制病害，一些水果用甲基溴熏蒸以控制虫害，这些处理都需要通气良好的包装以便于熏蒸气流通过。一般能迅速制冷的通气设计也适合于熏蒸。但葡萄用二氧化硫衬垫包装，以逐渐释放二氧化硫，这种包装要求包装物或塑料衬垫限制通气。乙烯，对不同果品可以有利或有害，果品后熟时乙烯的处理需要通气包装以取得一致的加温。相反，某些果品必须防止乙烯作用，在包装内放置排出或吸收乙烯的物质，这时应限制通气。某些果品的自发气调贮藏，特别是苹果和梨，使用部分密封的聚乙烯包装衬垫，衬垫内可积聚2%~3%的二氧化碳以延长果实寿命，但是，由于这种包装衬垫抑制热交换并延缓果品制冷，因此，目前看来，真正的效益是有疑问的。近来这种技术的使用已逐渐减少，而使用包装内单果薄膜包装的技术开始增多。

（五）与其他机械处理相适合

大多数处理系统仍要人工搬运，因而限制了包装重量，有些系统是为托盘木箱和机械搬运而设计的（如西瓜）。因此，包装的设计要能配合包装机械搬运及其处理过程，大小要适合于整体和混合装载处理。包装也应预先考虑到可能的气候和污染。为适应特殊的需要，包装应使用不同的材料，木板包装适合果品的机

械搬运和长期贮藏或高湿条件下贮藏，目前有的已使用泡沫塑料包装替代。

第三节　绿色食品贮藏技术

绿色食品贮存环境必须洁净卫生。应根据产品特点、贮存原则及要求，选用合适的贮存技术和方法；贮存方法不能使绿色食品发生变化，引入污染。

一、绿色食品的贮藏设施

1. 贮藏设施的设计、建造、建筑材料

（1）用于贮藏绿色食品的设施结构和质量应符合相应食品类别的贮藏设施设计规范的规定。

（2）对食品产生污染或潜在污染的建筑材料与物品不应使用。

（3）贮藏设施应具有防虫、防鼠、防鸟的功能。

2. 贮藏设施周围环境

周围环境应清洁和卫生，并远离污染源。

3. 贮藏设施管理

（1）贮藏设施的卫生要求。

①设施及其四周要定期打扫和消毒。

②贮藏设备及使用工具在使用前均应进行清理和消毒，防止污染。

③优先使用物理或机械的方法进行消毒，消毒剂的使用应符合 NY/T 393 和 NY/T 472 的规定。

（2）出入库经检验合格的绿色食品才能出入库。

（3）堆放要求。

①按绿色食品的种类要求选择相应的贮藏设施存放，存放产品应整齐。

②堆放方式应保证绿色食品的质量不受影响。

③不应与非绿色食品混放。

④不应和有毒、有害、有异味、易污染物品同库存放。

⑤保证产品批次清楚，不应超期积压，并及时剔除不符合质量和卫生标准的产品。

（4）贮藏条件应符合相应食品的温度、湿度和通风等贮藏要求。

4. 保质处理

（1）应优先采用紫外光消毒等物理与机械的方法和措施。

（2）物理与机械的方法和措施不能满足需要时，允许使用药剂，但使用药剂的种类、剂量和使用方法应符合 NY/T 393 和 NY/T 472 的规定。

5. 管理和工作人员

（1）应设专人管理，定期检查质量和卫生情况，定期清理、消毒和通风换气，保持洁净卫生。

（2）工作人员应保持良好的个人卫生，且应定期进行健康检查。

（3）应建立卫生管理制度，管理人员应遵守卫生操作规定。

6. 记录

建立贮藏设施管理记录程序。

（1）应保留所有搬运设备、贮藏设施和容器的使用登记表或核查表。

（2）应保留贮藏记录，认真记载进出库产品的地区、日期、

种类、等级、批次、数量、质量、包装情况、运输方式，并保留相应的单据。

二、绿色食品的贮藏技术

绿色食品的贮藏保鲜，是根据各类食品的贮藏性能和各种贮藏技术的机理、生产可行性和卫生安全性、食品在贮藏中的质量变化及影响质量变化的诸因素和控制措施，依据贮藏原理和食品贮藏性能，选择适当的贮藏方法和较好的贮藏技术的过程。在贮藏期内，要通过科学的管理，最大限度地保持食品的原有品质，不带来二次污染，降低损耗，节省费用，促进食品流通，更好地满足人们对绿色食品的需求。

(一) 物理贮藏

1. 低温贮藏

低温贮藏是指在低于常温 15 ℃以下环境中贮藏食品的方法。由于低温贮藏能延缓微生物的繁殖活动、抑制酶的活性和减弱食品的理化变化，因而在贮藏期内能够较好地保持食品原有的新鲜度、风味品质和营养价值。

食品低温贮藏温度，根据食品种类、特性和贮藏期限的不同，可将低温贮藏温度划分为 4 类。冷却食品贮藏：温度多控制在 0~10 ℃，此方法多用于果品、蔬菜的贮藏。冷冻食品贮藏：它是先将食品在低于冰点的温度下冻结，再在 0 ℃以下低温进行贮藏的方法，一般温度控制在-30~-18 ℃，采用冷冻贮藏的食品主要有肉类、禽类、鱼类等易腐性食品。半冻结食品贮藏：一般温度为-3~-2 ℃，多用于短期贮藏或运输食品，如肉类、鱼类等。冷凉食品贮藏：一类温度控制在-1~1 ℃，另一类温度控制在-5~5 ℃，这种方法多用于肉类运输途中的贮藏，也多见于水果、蔬菜的贮运保藏。

2. 气调贮藏

气调贮藏是一种通过调节和控制环境中气体成分的贮藏方法，其基本原理是：在适宜的低温下，改变贮藏库或包装中正常空气的组成，降低氧气含量，增加二氧化碳含量，以减弱鲜活食品的呼吸强度，抑制微生物的生长繁殖和食品中化学成分的变化，从而达到延长贮藏期和提高贮藏效果的目的。

气调贮藏除了用于果蔬的贮藏外，而且开始用于粮食、油料、肉类制品、鱼类和鲜蛋等多种食品的贮藏。

3. 辐射贮藏

辐射保藏食品，主要是利用钴 60 或铯 137 发生的 γ 射线，或由能量在 1 000 万电子伏以下的电子加速器产生的电子流。Y 射线是穿透力极强的电离射线，当它穿过生命有机体时，会使其中的水和其他物质电离，生成游离基或离子，从而影响到机体的新陈代谢过程，严重时则杀死细胞。电子流穿透力弱，但也能起电离作用。从食品保藏的角度来说，就是利用电离辐射引起的杀虫、杀菌、防霉、调节生理生化等效应来延长贮藏期。

辐射保藏食品处理后不会留下残留物，可减少环境公害，改善食品卫生质量，远比农药熏蒸等化学处理优越。但是，所有果蔬经射线辐射后都可能产生一定程度的生理损伤，主要表现为变色（褐变）和抗性下降，甚至细胞死亡。不同产品的辐射敏感性差异很大，因此，致伤剂量和病情表现也各不相同。高剂量照射食品，特别是对肉类，还常引起变味，即产生所谓的辐射味。照射会不会使食品产生有毒物质，这是个很复杂的问题。迄今为止的研究情况中，还未见到确证会产生有毒、致癌和致畸物质的报道。至于有无致突变作用，有人指出是存在

的，对此许多国家都很重视，并在继续深入研究中。

4. 电离贮藏

食品的电离处理贮藏，是将食品置于电磁场下使其受到一定剂量的磁力线切割作用，从而改变生物的代谢过程。

迄今在农业生产和果蔬贮藏上做过试验的大致有：高压静电场处理、电磁场处理、高频电磁波处理、离子空气处理、臭氧处理等。例如，应用高频电磁波，或弱电磁场，或强电磁场，处理作物种子，在磁场的影响下，通过核糖核酸分子按磁场定向使种子内在结构发生变化，从而起到提高种子发芽率、发芽势，苗株生长健壮及抗病、早熟、丰产等效应。又如用磁化水浸种、灌溉，也有一些好的效果。

（二）化学贮藏

食品化学贮藏是指在生产和贮藏过程中，添加某种对人体无害的化学物质，增强食品的贮藏性能和保持食品品质的方法。按化学贮藏剂贮藏原理的不同，可分为三类：防腐剂、杀菌剂、抗氧化剂。食品化学贮藏的卫生安全是人们最为关注的问题，因此，生产和选用化学贮藏剂时，首先必须符合食品添加剂标准，绿色食品选用添加剂时必须符合绿色食品添加剂使用标准。

（三）天然保鲜剂贮藏

长期以来，人们主要采用化学合成物质作为保鲜剂对贮藏的果蔬保鲜，虽有较好的保鲜防腐效果，但很多化学合成物质对人体健康却有一定的不利影响，甚至出现致癌、致畸、致突变等毒性作用。因此，人们开始把注意力转向天然果蔬保鲜剂的开发与研究，近年来取得了可喜的成果。

研究发现，在食用香料植物的防腐保鲜中，芥菜籽、丁香、桂皮、小豆蔻、芫荽籽、百里香等精油都有一定的防腐作用。草药类植物中，魔芋的提取液无色、无毒、无异味。对水果的保鲜及鱼、肉类食品的防腐均有一定的作用。高良姜、大蒜等药类植物的提取液也具有一定的防腐作用。植酸是广泛存在于植物种子中的一种有机酸，以植酸为原料配制的果蔬防腐剂，可用于易腐果蔬及食用菌的防腐保鲜，可以维持新鲜度微弱的生理作用，达到理想的透水、透气性能。雪鲜保鲜剂可延缓新鲜果蔬的氧化作用和酶促褐变，对于果蔬原料去皮、去核后的半成品保鲜具有较好的效果。雪鲜由 4 种安全无毒的成分组成：焦磷酸钠、柠檬酸、抗坏血酸和氯化钙。森柏保鲜剂是一种无色、无味、无毒、无污染、无不良反应、可食的果蔬保鲜剂，广泛应用于果蔬的保鲜。森柏保鲜剂的活性成分是蔗糖酯，是通过抑制果蔬的呼吸作用和水分蒸发而达到保鲜效果的，其目的是让果实休眠，使它放慢老化或成熟的速度。一般光皮瓜果蔬菜，使用浓度为 0.8%~1.0%，粗皮水果可适当增大浓度，而草莓及叶菜类蔬菜可适当降低浓度。此外，复合维生素 C 衍生物、岩盐提取物等，均具有一定的保鲜效果。

第四节　绿色食品运输技术

一、绿色食品运输的基本要求

（一）运输工具

（1）应根据绿色食品的类型、特性、运输季节、距离以及产品保质贮藏的要求选择不同的运输工具。

（2）运输应专车专用。不应使用装载过化肥、农药、粪土

及其他可能污染食品的物品而未经清污处理的运输工具运载绿色食品。

(3) 运输工具在装入绿色食品之前应清理干净，必要时进行灭菌消毒，防止害虫感染。

(4) 运输工具的铺垫物、遮盖物等应清洁、无毒、无害。

(二) 运输管理

1. 控温

(1) 运输过程中采取控温措施，定期检查车（船、箱）内温度以满足保持绿色食品品质所需的适宜温度。

(2) 保鲜用冰应符合 SC/T 9001 的规定。

2. 其他

(1) 不同种类的绿色食品运输时应严格分开，性质相反和互相串味的食品不应混装在一个车（箱）中。不应与化肥、农药等化学物品及其他任何有害、有毒、有气味的物品一起运输。

(2) 装运前应进行食品质量检查，在食品、标签与单据三者相符合的情况下才能装运。

(3) 运输包装应符合 NY/T 658 的规定。

(4) 运输过程中应轻装、轻卸，防止挤压和剧烈振动。

(5) 运输过程应有完整的档案记录，并保留相应的单据。

二、绿色食品运输工具和设备

(一) 公路运输

公路运输主要指汽车或其他机动车辆，它们多以短途运输为主，是交售与收购、分配与批发和转运的主要交通工具，没有这些交通工具就难以把分散在各个果园、菜园的产品集中起来，就难以把大量的食品送到火车站和海河港口整运批发。这类交通工具设备比较简单、成本低、灵活方便，是部分食品运输，特别是果蔬产品运输中不可缺少的主要力量。但由于设备简陋、振动力强、速度缓慢，因此必须注意如下几个问题。

（1）装载时要求排列整齐，逐件紧扣，不宜留过大的空隙，以防互相碰撞，引起机械损伤。

（2）根据当地的气候条件和温度情况，采用不同的遮盖物，以避免日晒雨淋，防热防冻。

（3）堆叠层数不宜过高，以免压坏下层产品。必要时，留出装卸工人坐立的空位。严禁在货堆上坐人或堆放重物。

（4）运送时间最好在气温条件比较适宜的时候，尽量避免在炎热的中午前后或果蔬受冻害的时候运送。

（5）崎岖路面要慢行，停车时要选择阴凉地方，卸车时要逐层依次搬下。

（二）水路运输

水路运输工具，既包括产地交送使用的和附近销区调拨使用的木船、小艇、拖驳和帆船，也包括海、河上的大型船舶、远洋货轮等。船舶运行平稳，振动损伤小，运载量大，运输费低廉，对新鲜易腐产品具有特殊的优越性。我国领土幅员广阔，海岸线长，江河纵横交错，沿江河湖海之滨多为新鲜水果、蔬菜盛产之地，因而水路运输也是绿色果蔬产品运输的重要途径。

由于船、舶等水路运输设备不是专为食品运输设计的，多是综合使用的交通运输工具，因此用船舶运输食品时要注意以下几点。

（1）装载食品前，应清洗船舱，必要时还应消毒杀菌，尽量避免与其他不同性质的货物混装在同一舱房，防止各种有毒、有味物质的污染和刺激性气体的残留。

(2) 一般舱底部凹凸不平，堆放时应设法使其平稳，以不致引起倒塌。

(3) 没有遮盖的设备应准备遮盖物。散装装载的舱底应铺上一层软绵的材料。

(4) 大型货轮装载采用机械装卸时，应注意安全性和科学性，防止包装容器挤压变形而损伤果蔬商品。近年来远洋运输中大量采用集装箱装卸运输。

(5) 注意货舱内温度的调节和空气的更换，防止闷热导致食品腐败。

(三) 铁路运输

铁路运输具有运量大、速度快、行驶平稳、安全可靠、时间准确和运费低廉等特点，它是我国长距离调运食品的主要运输形式。食品在铁路运输中除采用无温度调控设备的普通蓬车外，主要是使用有控制温度设备的机械保温车和冰箱保温车两种。

1. 普通篷车

即普通有篷货车，没有温度及调节控制设备，受自然气温的影响大。用篷车运输食品类的商品，要特别注意温度的变化，既要注意防热，又要重视防冻。防热可采取通风换气或加冰块降温的办法。防冻可在车厢内果蔬包装上盖苫布、棉被、干草等覆盖物保温，必要时可生火加温。

2. 冰箱保温车

又称加冰冷藏车。车厢有隔热保温设备，并有贮冰箱，用冰来冷却。由于单独使用冰块不易将车厢内温度降低，更不能使温度降到 0 ℃以下，因此通常在加冰时掺进一定比例的盐，可使降温比较迅速，并能达到-10～-6 ℃的低温。新鲜食品，特别是果蔬产品运输时，在始发站加冰掺盐量一般为 3%～10%，加冰冷藏车可单独使用，或几节车厢挂在其他客、货列车上，也可组合成冷藏专列。

加冰冷藏车依加冰的冰箱放置位置不同可分为车端式冰箱冷藏车和车顶式冰箱冷藏车。前者是将加冰的冰箱设置在车厢的两端，该冷藏车装冰量少，降温效能低，而且车厢内温度分布不均匀，现正逐渐被淘汰。后者是将加冰冰箱设置在车顶，车顶的冰箱个数多为4~8个，每个冰箱可载冰1 t，这种冷藏车较前者有占有有效货位少、通风条件好、降温快、温度均衡（相差不超过1~2 ℃）、加冰次数少等优点。

秋冬季节，当外部气温低于食品适宜温度时，要在车内壁和车底加设稻草垫，并将冰箱以棉絮堵塞，必要时可在车厢内生炉火，但必须注意车厢内温度要尽可能均匀稳定，以适应食品安全运输的需要。

（四）空中运输

空中运输也称航空运输，与其他运输相比，速度快、损失少、食品品质好，但载量小、运费昂贵。食品经营者怯于高昂的运费，一般不进行空中运输。有时为了市场竞争或满足某种特殊需要，对某些名贵高档、易腐的果蔬产品实行空运，但数量有限。随着我国航空运输事业的发展，空运果蔬产品的数量将会逐渐增加。

（五）集装箱运输

集装箱运输是现代化的一种运输方式。集装箱是便于机械化装卸的一种运输货物的容器，具有足够强度，可以长期反复使用，在途中转运时可直接换装，便于货物的装卸，具有1 m^3以上的容积。集装箱适用于多种运输工具，具有安全、迅速、简便、节省人力、便于装卸的机械化操作的特点。

集装箱种类很多，用于食品运输的集装箱主要有冷藏集装箱及冷藏气调集装箱两种。后者是在前者的基础上加设气密层和调气装置制成的，二者都能使食品在运输途中保持良好的品质和商品价值。用冷藏集装箱和气调集装箱运输的食品，可直接进入冷库贮藏。国外使用集装箱运输的情况已相当普遍，我国多在对外出口远洋运输上使用。

参考文献

李秋洪，袁泳，2002. 绿色食品产业与技术［M］. 北京：中国农业科学技术出版社.

林大河，王春忠，2020. 绿色食品生产原理与技术［M］. 厦门：厦门大学出版社.

肖元安，唐安来，2008. 绿色食品产业实用指南［M］. 北京：中国农业出版社.

许牡丹，2003. 食品安全性与检测分析［M］. 北京：化学工业出版社.

张坚勇，2007. 绿色食品实用技术［M］. 南京：东南大学出版社.

张志恒，陈倩，2016. 绿色食品　农药实用技术手册［M］. 北京：中国农业出版社.

周光宏，2011. 畜产品加工学［M］. 2 版. 北京：中国农业出版社.